中国传统民居文化
解读系列

龙门古镇厅堂建筑

王宝东
　　　　著
刘淑婷

·北京·

内 容 提 要

本书是作者在多次到龙门古镇进行考察、调研,对明哲堂、世德堂、山乐堂、余荫堂、思源堂、百狮厅、百花厅、百步厅、工部等十余座厅堂建筑进行测绘研究的基础上,形成具有龙门厅堂特色的建筑测绘图、装饰细部纹样、实景照片等成果,分析孙权故里明代、清代、民国三个时期的民居建筑的空间组合、构造形式、装饰特征,提炼总结出龙门古镇的建筑特点,探寻其与徽派建筑、江南地区的异同点。结合地方文史资料,梳理龙门古镇厅堂建筑的文化背景,探寻三国东吴大帝孙权后裔的宗族文化,挖掘当地民俗文化。本书图文并茂,插图有建筑测绘图 60 余幅,装饰细部纹样 30 余幅,实景照片 100 余幅。

本书适合中国传统建筑研究、古村落文化、民俗文化等专业读者,休闲旅游、摄影绘画等相关读者参考。

图书在版编目(CIP)数据

龙门古镇厅堂建筑 / 王宝东,刘淑婷著. -- 北京 :
中国水利水电出版社,2016.11
(中国传统民居文化解读系列)
ISBN 978-7-5170-4922-7

Ⅰ. ①龙… Ⅱ. ①王… ②刘… Ⅲ. ①民居-古建筑
-介绍-杭州 Ⅳ. ①K928.715.51

中国版本图书馆CIP数据核字(2016)第294123号

	中国传统民居文化解读系列	
书　　名	**龙门古镇厅堂建筑** LONGMEN GUZHEN TINGTANG JIANZHU	
作　　者	王宝东　刘淑婷　著	
出版发行	中国水利水电出版社 (北京市海淀区玉渊潭南路 1 号 D 座　100038) 网址:www.waterpub.com.cn E-mail:sales@waterpub.com.cn 电话:(010)68367658(营销中心)	
经　　售	北京科水图书销售中心(零售) 电话:(010)88383994、63202643、68545874 全国各地新华书店和相关出版物销售网点	
排　　版	中国水利水电出版社微机排版中心	
印　　刷	北京嘉恒彩色印刷有限责任公司	
规　　格	170mm×240mm　16 开本　11 印张　154 千字	
版　　次	2016 年 11 月第 1 版　2016 年 11 月第 1 次印刷	
印　　数	0001—1000 册	
定　　价	**58.00 元**	

前言

　　龙门古镇位于浙江省杭州市富阳区龙门镇，地处富春江南岸，是富阳最大的自然村，其传统村落形态为典型的南方传统宗族村落，龙门古镇传统民居作为浙江省级文物保护单位，在建筑学、民俗学、美学等领域内都具有十分重要的学术价值和历史价值。

　　走进古镇，虽看不到皖南徽商豪宅的金碧辉煌，也体会不到在拱桥下泛舟的水乡幽情。然而，那卵石铺成的小路，以卵石作墙垣的民宅民居，原木本色宽阔的众多座厅堂，还有牌楼、塔、寺、祠堂，这些功能各异的明清古建筑在历经沧桑之后，至今保存完好，伴随着古樟、小桥、溪流与古街，构成了独特的古镇风景。

　　龙门古镇是我国古代宗族聚居形态的典型，至今仍较完好地保存着明清两代建筑群与古街风貌。龙门古镇依山傍水、人杰地灵，至今仍保存着完整的聚落形态和传统的建筑形式。龙门古镇九成以上的村民是三国时东吴孙权家族的后裔，定居已有千余年，龙门孙氏至今还按各自房系的厅堂，围聚而居。保留着以血缘为基础的宗族社会的伦理道德与尊卑之序。千余年来随着孙氏家族的繁衍昌盛，逐渐形成了以"厅堂为中心的厅屋组合院落"。历史上这里原有百余座厅堂、古建筑。历经战乱和年代的久远，保存较完好的尚有两座祠堂，三十多座厅堂，三座砖砌牌楼和一座古塔，一座寺庙。

　　龙门孙氏各房各支都有自己的厅堂。厅堂之上为整个支族商议族事、举办宴席、祭拜祖先等场所，不能住人，以前也不能随便堆放物件，其实就起到宗祠之下支祠的作用，《龙门孙氏家谱》曰："孙氏千有余家，各房聚处皆有厅以供阖房之香火。"逢年过节，就在厅堂上祭祀列祖列宗；家族内部有大事，就在厅堂上议事；家族成员生儿添丁，就在厅堂上挂子孙灯；家族成员有红白喜事，就在厅堂上举行；家族成员触犯族规家法，就在厅堂上惩处，因而各房族对营造自己家族的厅堂都十分重视，清末明初时，龙门有大小厅堂一百余座，可谓星罗棋布，蔚为大观。

龙门的厅堂大多为合院式"厅屋组合院落"建筑，具体的形态分"回"字形、"井"字形两种结构，围绕中轴线，分别建有前厅、正厅和享堂，旁边各厅之间都有天井相连，组成一进乃至数进的建筑群，廊房相连，家族成员住宅则围居在厅堂四周，再筑以高墙，形成封闭式的院落。古镇内厅堂密布，巷道纵横，墙檐相连，房廊相接，走进古镇令人如坠迷宫，东西莫辨，别有一番情趣，"大雨天串门、跑遍全村不湿鞋"就是最生动的写照。这些厅堂绝大部分为明清建筑，保留着明清建筑的特色。有的高大恢弘；有的精巧细致；有的粗犷简约；有的精雕细刻，林林总总，精彩纷呈，龙门古镇仿佛是一座巨大的明清古建筑博物馆。

本书写作是作者经过多次到龙门古镇进行考察、调研的基础上，对明哲堂、世德堂、山乐堂、余荫堂、思源堂、百狮厅、百花厅、百步厅、工部等十余座厅堂建筑进行测绘研究，形成具有龙门厅堂特色的建筑测绘图、装饰细部纹样、实景照片等成果，分析孙权故里明代、清代、民国三个时期的民居建筑的空间组合、构造形式、装饰特征，提炼总结出龙门古镇的建筑特点，探寻其与徽派建筑、江南地区的异同点。结合地方文史资料，梳理龙门古镇厅堂建筑的文化背景，探寻三国东吴大帝孙权后裔的宗族文化，挖掘当地民俗文化。测绘图主要由杭州科技职业技术学院艺术设计学院两位作者带领学生测绘完成，少量由匀碧古建筑设计院提供；照片或手绘插图主要由作者拍摄和自绘完成，不一一注明；少量由其他人提供，均备注有作者姓名，并表示感谢。

在作者多次考察龙门古镇的过程中，得到杭州龙门古镇旅游发展有限公司、龙门镇政府、同济大学国家历史文化名城研究中心等单位领导和工作人员的大力支持和帮助；并由龙门古镇孙文喜先生提供大量文史资料，在此表示感谢！

著者

2016 年 6 月

目录

第一章 龙门古镇自然环境——富春江岸龙门山

龙门古镇位于浙江省杭州市富阳区龙门镇，地处富春江之南，仙霞岭余脉的龙门山下。东经 119°59′，北纬 29°54′，距富阳市区 16 公里（图 1-1）。全镇辖区 18 平方公里，其中古镇面积约 2 平方公里。龙门镇辖 11 个行政村，其中有 5 个自然村，2758 户 7654 人（其中乡村劳动力 4185 人），其中龙门村即龙门古镇是富阳市最大的自然村，总人口 1215600 余人①。保存为数较多的自明代至民国间不同风格、类型的祠堂、民居、古塔等建筑，形成了一个较为完整的明清古建筑群落。历史上这里原有 60 多座厅堂、古建筑。历经战乱，保存完好的尚有：两座祠堂，三十多座厅堂，三座砖砌牌楼和一座古塔，一座寺庙。

古时候此地山水就闻名遐迩，东汉严子陵来游此地时曾赞曰："此地山清水秀，胜似吕梁龙门②"，据说龙门由此得名，这里的村落也因此称为龙门镇（图 1-2）。但民间的另一种传说则更富

图1-1 龙门古镇区位图
（同济大学国家历史文化名城研究中心提供）

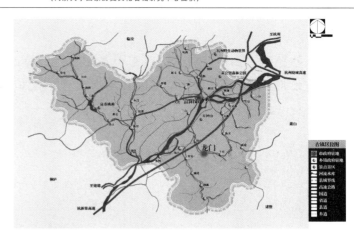

图1-2 龙门山风光
（杨之爱摄）

有浪漫色彩。相传，古时候曾有一条龙沿龙门溪游至龙门一带，见石塔山和高巨山相峙形成"门"，于是游飞进来，迷恋于这里如画的山水，择龙山上龙潭定居下来，便从此与龙门结缘。

第一节 龙门古镇的自然环境

富阳位于浙江省西北部，东邻杭州市萧山、西湖两区；西指桐庐；北靠临安、余杭；南望诸暨；富春江贯穿富阳全境。秦始皇时即置郡县，三国吴黄武五年析郡境而置富春县，自古以来，物华天宝，人杰地灵，民风淳朴，物产丰盈。古镇四面皆山，地势南高北低。龙门山崛起于南尖端，大头山盘踞于西南一隅（图1-3）。龙门山主峰杏梅尖海拔1067.6米，是全县最高峰。四周群山之中是一处盆地，有公路横贯其间。耕地多分布在公路南侧以龙门村为中心的盆地内。全境山占66.7%，耕地占160%。境内储存大量石煤，又有少量白泥磁土矿。龙门山山体为仙霞岭余脉，地势南高北低，除最高峰杏梅尖外，高度在500米以上的山峰就有多处。山间有平地数处，如平阳顶、杏梅坞、门前山等。山内有人工湖两处。山上植被丰富，土层深厚肥润。瀑布两边山脊及杏梅尖附近由于高山风大，冬有积雪，故海拔800～900米以上植被不丰富，大面积为茅草、小竹、黑松与次生树林。

龙门溪源于杏梅尖东麓，全长6000米，为富春江水支系的支流。自南向北贯穿本镇，在龙门镇北与剡（shan）溪相汇。上游为龙门山，水流湍急。下游为海拔70米的平原，溪流潺潺。山上雨量充沛、水源足，溪流量大，雨季流量更大，夏季暴雨后瀑布宽可达8～9米。龙门溪水水质极好，清澈甘润，含有多种矿物质。剡溪从龙门镇北穿过，溪面宽阔，当地人又称其为大溪。水量充足，常年不断。

古镇地处亚热带，气候温暖湿润，夏季长而热，春秋短而冬季较冷，四季分明，四面皆山，山下为龙门小盆地，山地气候明显。年均气温16.1°，年无霜期

231 天。雨量充沛但不均匀，集中于五至六月梅雨期，年均雨量 1401.1 毫米，年平均湿度在 80% 以上，日照时数在 1700～2000 小时之间，年均蒸发量 1321.5 毫米。

自古龙门古镇的美丽山水就闻名遐迩，东汉严子陵"此地山清水秀，胜似吕梁龙门"的佳句就是最好的写照。固镇四面皆山，植被丰富。龙门山崛起于东南，大山头崛起于西隅，主峰杏梅尖是全市最高峰。剡溪与龙门溪交汇于镇北，风景优美自然。龙门溪，穿村而过，淙淙汩汩，汇入剡溪，潺流廿里进富春江。沿龙门溪而上，山道逶迤，两侧奇峰异石凸出。谷中溪水萦绕，潭跌成群，翠谷青苍，谷底断壁陡峭，瀑布自槽中泄下，落差 100 余米，宛如白练当空，跌入潭中，珠雾飞溅，水击石磬，形成瀑布奇观。1917 年春郁达夫曾到此游，并留下《龙门山题壁》诗："天外银河一道斜，四山飞瀑尽鸣蛙，明朝我欲扶桑去，可许砚边泛钓槎。"他还在游记中赞曰："龙门山绝壁千仞，飞瀑万丈，真伟观也"[③]（图 1-4）。

第二节　龙门古镇的堪舆和选址

龙门古镇的建筑与中国古建筑一样，是龙门人生产、生活、发展和历史变迁的见证和反映之一，它体现出人们的自然观、地域特点、等级制度等。崇尚自然、重视风水，体现传统文化中"天人合一"的思想，强调人与自然的统一，建筑与自然的有机结合，在自然环境中融入人的思想感情和精神风貌，选择讲究有山有水，和谐共生。

"风水"（堪舆）也称"相地"，主要是对周围环境与地景（Landscape）进行研究，强调用直观的方法来体会、了解环境面貌，寻求良好的生态和有美感的地理环境。《风水辩》中有一段精彩的解释："所谓风者，取其山势之藏纳……不冲冒四面之风与……所谓水者，取其地势之高燥，无使水近。夫亲肤而已。若水势曲屈而环向之，又其第二义也。"实际上重视的是如何有效地利用自然、保护自然，使城市、村落和住宅与自然良好地相配合、相协调。除此之外，中国哲学的两

图 1 - 3　龙门古镇全景
（孙德锋摄）

图 1 - 4　龙门山上龙潭瀑布
（杨之爱摄）

个流派儒家和道家，也都把怎样使自己的生命和宇宙融为一体作为最重要的问题加以研究。如道家以静入，认为凡物皆有自然本性，"顺其自然"就可以达到极乐世界；儒家从动入，强调"生生之谓易"，即生活就是宇宙，宇宙就是生活，领略了大自然的妙处，也就是领略了生命的意义。这种"天人合一"的哲学观念，长期影响着人们的意识形态和生活方式，造成了崇尚自然的风尚。阴阳风水观便是从这里引申来的（图1-5和图1-6）。

分布于各地的宗族乡村，形成初期虽未经过统一的规划，但由其属于一个血缘关系联结的整体，村中涉及公共利益的重大建设，如选址、造祠、建屋、修庙等，都会由宗教组织，形成整体性的考虑和规划，起主导作用的规划思想就是风水理论。

风水观念对中国古代用于指导环境规划的总体思想，对城市、村落和住宅选址都有很大的影响。在选址过程中，民间的风水师也往往起着规划师的作用。中国封闭的、自给自足的农村经济为这种聚落选址提供了可能性。在封闭、半封闭的自然环境中，利用被围合的平原，流动的河水，丰富的森林资源，既可以保证村民采薪、取水满足生活的需要，又为村民创造了一个符合理想概念的生活环境。而且除了选址上大的风水考虑，龙门古镇还在发展过程中非常注意风水方面的完善。据族谱记载，龙门历史上曾多次改变周围小环境以塑造好的风水环境。如《孙氏宗谱》记载：孙孟骞，号春山，好风水之士，他就曾改道龙门溪，使龙门水系更趋完整，合理。他还在村口修同兴塔，而同兴塔就是一座典型的风水塔（图1-7和图1-8）。

第三节　龙门古镇的村落选址特点

龙门古镇四面环山，围出一片平原，剡溪由西向东穿其上流过，原内土地，水源充足，实是安居避世的极佳场所。北面的剡溪与龙门溪呈丁字相交，将古镇一分为二，溪流潺潺，由龙门瀑布奔流而下，飞珠溅玉，沿路密林修竹，幽深蔽日。

图1-5 龙门古镇外景牌坊1

图1-6 龙门古镇外景牌坊2
（王梦雪摄）

图 1-7 传统风水最佳村落选址模式

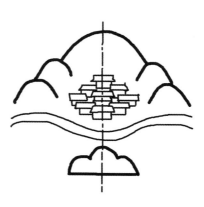

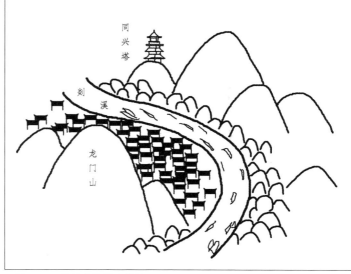

图 1-8 龙门古镇风水分析

青山绿水互相映衬，绿野田园延至山边。山溪绕龙门，一幅江南画。郁达夫在《龙门山题壁》诗中赞曰："天外银河一道斜，四山飞瀑尽鸣蛙。明朝我欲扶桑去，可许砚边泛钓搓。"古镇选址于此，即是因为这里山水俱佳的自然环境。以中国传统的风水观而言，此处是山水汇聚，藏风得水之地，是择地而居的上好场所，适合安居乐业（图1-9）。

龙门溪东侧称为桥上，西侧称为桥下，上下之说缘起于地势的高低。溪东地势较高，溪西地势则较低。相对而言，溪西（桥下）发展较早，规模较大（图1-10）。

因此，优美的环境、良好的风水是古人选择定居的主要条件之一。龙门古镇的选址，显示了多种复杂因素的相互作用和影响，其中不仅包括传统观念的要求，比如风水，还包括了社会、经济生产等诸多方面的考虑。在封闭、半封闭的自然环境中，利用被围合的盆地，流动的河水，丰富的资源，既可保证村民的基本生产、生活条件，有位村民创造了一个符合理想的山水环境，同时，不同的生产生活方式对古村落的布局和村落空间形态都产生着强烈的影响，龙门古镇传统村落空间正是孙氏宗族生活聚居状态的反应，龙门古镇的村落空间形态也是南方古代宗族村落聚居的典型表现方式（图1-11）。

在中国，农业一直都是发展之本，古代先哲"仰观天文，俯察地理，近取诸身，远取诸物"，通过实践、思考和感悟，孕育了人与自然和社会基本关系的认识体系，即"天人合一"的世界观，并深刻影响了中国古代的人居思想。村落建造的程序大体是这样的：首先审视大的自然环境，通过象天法地，综合防御安全，环境优美，生活方便等因素确定村落的位置和轮廓；其次，是水系和重要的建筑物。水系是农业社会的第一命脉，水口是一个村落水系的总入口，也是一村一族盛衰的荣辱象征（图1-12和图1-13）。

古代宗法社会把住宅看作人生所依托的根本所在。东汉刘熙在《释名》中称："宅，择也；择吉处而营之也。"可见它的原义，就是经过选择的安身立命之所。隋代风水家萧吉，在假托黄帝名所撰的《宅经》中更称："夫宅者，乃是阴阳之枢纽，

图 1－10　龙门溪两岸民居

图 1－9　龙门古镇北边剡溪
（王梦雪摄）

图 1－11　龙门古镇外景
（王梦雪摄）

图1-12 龙门溪两岸民居1

图1-13 龙门溪两岸民居2

人伦之轨模，……故宅者，人之本，人以宅为家，居若安，即家代昌吉；若不安，即门族衰微，坟墓川冈，并同兹说。上之军国，次及州郡县邑，下之村坊署栅，乃至山居，但人所处，皆其例焉。"这应该是古人基于"天人感应"的观念，在居住环境上表现出的一种人与自然的关系。总括看来，风水的实质，就是将人的命运、愿望、禁忌以及视觉和心理上的平衡感，以风水图式表达出来，因而小至住房，大至村落及至城镇选址，无不讲求风水图式。中国的传统村落没有一套完整的规划理论，风水图式的某种意义就成了村落选址和布局的指导准则。

注释

① 《富阳县志》。
② 龙门古镇——吴大帝孙权后裔最大聚居地．王运祥，蒋金乐．中国文艺出版社，2003年9月。吕梁龙门：山西河津市西吕梁山的支脉龙门山，又称禹龙门。
③ 龙门古镇——吴大帝孙权后裔最大聚居地．王运祥，蒋金乐．中国文艺出版社，2003年9月。

第二章 龙门古镇的人文环境——孙氏宗族聚集地

第一节　龙门古镇历史概述

东汉初年，政事初平，社会趋稳，光武帝刘秀踌躇满志，登上龙位。然而他的同窗好友、谏议大夫严光（字子陵），却毅然辞官归隐，遍访名山大川，最后回到老家浙江，饱览富春山水。当他登上富阳东南的崇山峻岭，不禁为眼前秀丽景色所倾倒，拊掌叹曰："此地山清水秀，胜似吕梁龙门。"至此，这块灵秀之地被赋予了一个响亮的名号——"龙门"。

早在严子陵来龙门之前，此地就有村民居住，但几百年间一直没有很大的起色。直到北宋太平兴国五年（980年），东吴大帝孙权后裔一族由富春江南侧的东梓关迁徙龙门，此地才呈现出欣欣向荣的发展景象（图2-1）。

龙门古镇因位于浙西、徽州诸镇与浙东、江南各处相连的陆路交通咽喉之地，自古以来即是商

图 2-1 龙门村景
（孙德锋摄）

贸重镇。明嘉靖——清康乾年间，由于陆路交通不甚发达，徽商运粮必须通过龙门而达上官再至绍兴、苏州等地，如今的老街在当时就是一条商贸极为繁盛的交通要道。这也是龙门古镇最为繁盛的时期。龙门古镇是一个典型的封建宗法制度下的以手工农业为主的乡村。除了农业的生产经营之外，这里还兼营造纸业，主要生产坑边纸、毛边纸、手纸、迷信纸，等等。龙门当年的很多富户都是通过发展粮食、稻谷、纸品等而发家致富。

历史上这里曾出现了众多读书人和仕宦者，使龙门形成了独具特色的丰厚的文化背景。这种情形在明嘉靖至清康熙时达到了极盛，有"半列儒林，咸饶富有"之称。现在遗存的众多文化遗迹无不显示了那个时期枝繁叶茂的盛况，其中家谱中就有专项列出"儒林""宦林"者，蔚为大观。

太平天国时期，古镇遭到战火之灾。由于战乱，许多厅堂被烧毁，村民弃村而逃，直到太平军走后，才慢慢迁回，收拾战场。古镇的社会经济受到较大的破坏。到了清光绪三十二年（1906 年）《富阳县志》已载，清代龙门古镇所属的龙门镇辖区为正南区庆善十二庄。民国时期为龙门镇。1949 年 5 月解放。1950 年建政时，沿称龙门镇，1956 年下半年，龙门与环山乡合并为友谊乡。1958 年 10 月，友谊乡建立友谊公社。1959 年 11 月，友谊公社并入场口大公社。1961 年初，场口大公社撤销，友谊公社恢复。1962 年 3 月，友谊公社一分为二，辖区始成立龙门公社，以龙门村得名，现又改为龙门镇。随着近代经济的发展，由于地理位置关系，龙门古镇开始衰落了。在 20 世纪改革开放以来，经济虽有起色，但在富阳仍居贫困村镇之列。然而，也正因为地处偏僻，经济欠发达，龙门古镇奇迹般地保留了这里传统的建筑群和独特的宗族文化传统。其中，宗族社会的精神力量就是其中重要的原因之一。

第二节　龙门孙氏的宗族发展

龙门古镇是三国东吴大帝孙权后裔最大聚居地。龙门孙氏，浙东望族，富春孙氏之嫡系。孙武、孙权一脉相承，孙中山家族又源于富春，龙门孙氏定居之早，人口之众，迁徙之广历来引人注目。

《富春龙门孙氏宗谱》记载龙门孙氏乃东吴孙权之后，其父孙坚是吴郡富春人，系孙武后裔。《富阳县志》载："早在春秋战国时期，孙武子明，袭父荫功，复以孝谦廉封富春侯，这是富春孙氏之始，之前为乐安（今山东博兴）孙。"与龙门同宗的《富春王洲孙氏总谱》中也记载："世系出自有虞，降而田书受姓，食邑乐安，降而孙明以文功食邑富春，此富春孙氏之由也。"而陈寿在《三国志孙破虏讨逆传》又云："孙坚，字文台，吴郡富春人，盖孙武之后也。"明正德十六年《富春志》记载："阳平山在县南十五里，后汉孙钟（孙坚之父）种瓜其上。"孙权亲撰《天子自序》也称："明字之元……子孙及弟侄等各治业富春江南，居宅繁盛。"后富春孙氏不断扩张迁徙，世系变化比较复杂。但富春作为本支所在，孙氏多数仍定居于富阳富春江沿岸一带，龙门孙氏则是其规模最大的一支。

龙门地处富春江南岸，地处盆地，四面环山，地势较高，没有水涝之虞，同时剡溪擦肩而过，并有龙门山泉水汩汩流淌，提供了丰足的生产、生活用水。龙门四季分明，气候宜人，春暖花开，夏木繁荫，秋霜高洁，冬雪飘飞。优厚的地理环境，舒畅的气候条件，使孙氏族人极为满意，这里为他们营造安逸、宁静的生活提供了一方天地。

龙门自然环境优越，自然是居宅繁盛之地，不过现在已无法找到有关它的记载的史籍。但从各地发现的孙氏宗谱，也能窥见龙门孙氏早期繁衍、发展、迁徙的蛛丝马迹。如台湾孙氏《家谱》中，撰于光绪纪元的《重修富春零星孙氏世谱序》中称："吾邑孙氏为富春之嫡派，实浙东之华宗，自仲谋公发迹龙门，迄云三公由儒学出龙门而徒居姚江，十代馨香，笾缨勿替。"萧山塘上孙刊于民国三十六年的《孙氏重辑守谱序》中，也称"吾萧莩萝乡之塘上孙，自明代富春龙门孙氏第十四世万一公迁居聚族于斯，绵绵瓜瓞，生齿日繁。"等语均说明龙门孙氏之源远流长。龙门民间关于晋即五代十国时的后晋高祖石敬瑭，即南唐李升元元年期间"孙十老太公"砸龙门寺佛头石、断龙脉的传说也从一个方面说明龙门孙氏的渊源已久。

《富春龙门孙氏宗谱》记载，龙门孙氏的一始祖为勖，是孙权六储休（孙权第六个儿子孙休）的后裔。吴景帝休生子，受封豫章王，休的曾孙瑶，字良玉，刘宋大将军，兵守青草关。因瑶死后葬屠山，坟前有梓树，狡向东荣，孙氏后裔为怀念先祖孙瑶，遂将青草关改称为东梓关，流入富春江的青草浦也改为东梓浦。瑶后十二世，为赵宋（宋太祖赵匡胤在开封所建的宋王朝）奉议大夫，生于后梁开增二年（908 年），生两子：忠、恕。忠生于生唐清泰元年（934 年），字启宗，由东梓关首迁龙门。尊父为龙门一始祖，自称"二一居士"。忠生二子：治、洽。治为长子，龙门孙氏元支（大房），宗祠为"思源堂"。治后第五世瑾为暨阳教谕，子孙随迁。大部分居于诸暨附二郎、平溪、石佛。留居龙门的生裔是治后的另一支，仅几十户。龙门孙氏自宋奉议大夫孙勖（第一世）始，按下列辈分排列：一、二、三、四、五、六、七、八、九、十、干、源、德、行、道、升、桤、悌、谦、浪、恭、敬、慈、爱、聪、明、智、文、行、中、忠、信、诗、书、礼、乐孝、廉、方、正，现在已繁衍至"正"字辈，也就是三十九世了。在这漫长的时期中，这个家族如同一棵大树在龙门不断增叶，日渐兴旺。龙门孙氏外迁的世代都有，主要是诸暨、萧山、绍兴等地。

至南宋年间，龙门孙氏家族就已是人丁兴旺，成为当地最大的族群。大理学家朱熹曾慕名来访，并留下赞诗："保障功多爵进王，云礽追远荐蒸尝。行祠独占溪山胜，玉牒留传百世芳。"

到了明朝，龙门孙氏族人更呈现出繁荣昌盛的景象，户数近千，后建起思源堂和余庆堂两座祠堂，衍生出众多的分支（即房），在积聚了一定的财力后，各房纷纷建起了厅堂，这一工程一直绵延了几百年，至民国龙门古镇的整体面貌最终形成，成为了江南最大的古村落之一。到今天，龙门孙氏已繁衍成 2000 多户，7000 多人口的大家族，为孙权后裔的最大聚居地。中华大地上，如此聚集的家族也是极为罕见的（图 2-1）。

龙门古镇作为一个宗族乡村其存在的前提是所有成员出自相同的血缘关系联

结在一起，并由此出发联结成其他亲属关系，没有这一血缘关系的内在网络，这个群体便不可能存在。因此，孙氏宗族的发展正是龙门古镇发展的原动力和保障。在富阳宗族村落里，宗谱俗称"族谱"，书面多称"家乘"，用来记录宗族的发展历史。龙门孙氏宗谱一般一世（30年）一修。凡修，必由族长主持，合族出人力、物力、财力，礼聘负文敏的人士为总纂，俗称"监局"；签、表文字都以木板篆刻排印，装订成册，以房为单位分字编号为若干部，归各房收藏。每年中元节曝晒一次，平时不允许随意翻动。龙门人称宗谱世系为"行传图"或"瓜藤图"，本族男丁分嫡、庶或承兆，题名其父名下称"上谱"，又称"入谱挂图"。在宗族组织中，男人上谱后方有一定的权利，当然也承担义务。龙门孙氏族规曾说："谱牒所载，不拘远近，随支随派，一一备书。上遗一祖非孝也；下失一孙非仁也。"但据旧规，私生子不准上谱；违反族规特重者，已上谱也可除名。"入谱挂图"也有一定步骤，第一步是每逢添丁，父母置灯笼一盏，有生父提入宗族子孙厅内挂置，接着由房长、董事根据小孩生辰，取名和排行，记录于行第簿中；第二步，到续谱、修谱时，将修谱期间出生的男丁，根据原有记录，一一挂红线，载入总谱行传图。

第三章 龙门古镇厅堂布局——巷道纵横连厅堂

龙门古镇留存的古建筑种类众多，包括祠堂、厅堂、民宅、古塔、石桥、牌楼等，其中最有特色的是厅堂和祠堂，从最近一次调查的情况来看，厅堂和祠堂合计103座，现尚存40余座，有30余座保存完好（表3-1）。其中可以判定明代或保留明建筑风格的有旧厅、义门、怀德堂牌楼等6处；清代的有慎修堂、咸正堂、光裕堂、同兴塔等10处；清末民初的建筑数量较多，典型的有山乐堂、余荫堂、孙氏宗祠等。历经沧海桑田，数百年的风风雨雨，龙门有不少古建筑已经毁去，或拆除后具剩地基和石碟古梁，而这几处令龙门人炫耀的地方，因旧了修，破了补，仍显现着旧貌的古韵和魅力（图3-1）。

在龙门古镇，供人们生活和生产用的水系主干有剡溪和龙门溪两条。发源于龙门山的剡溪依镇而过，向西北流入富春江；龙门溪则是自南而北贯穿整个古镇，与剡溪成丁字形交汇，水流潺潺，家族兴旺，繁衍生息。古镇街道依溪流蜿蜒迂回，民居沿溪堤次第排列，参差错落。古镇以孙氏宗祠为起点，向北、东两侧延展。以防御性极强的发散状街巷为骨架，以宗祠、厅堂为中心，相互衔接的厅堂组合院落，堪为我国古代宗族聚居形态的典型。事实上龙门古镇就是一个沿山溪而筑的民居群落。古镇的老街，网状的巷弄，厅堂的布局，居民的生活都依龙门溪的蜿蜒而延展。

第一节　巷道纵横话老街——老街

龙门古镇的主要街道是具有传统集市店铺风貌的老街。老街横贯古镇东西，总长约 400 米，宽约 3 米，街道狭窄，纵横交错，路面以鹅卵石铺砌而成，两侧是房屋，系清末民国初建筑。明嘉靖到清康乾盛世年间，龙门孙氏"半列儒林，咸饶富有"，使老街成为商贾云集、店铺林立之地（图 3-2）。

老街店铺大多为前店后坊、前店后居，商业活动的忙碌与劳作之余的闲适相得益彰，凸现山乡古镇明清街市的独特韵味。龙门历来以农耕为本，作为唯一的商品交换场所，老街给静谧、内敛的古镇增添了别样的风采。建筑形式有两种：一种为楼房，楼下为店铺作坊，楼上住家；另一种是高墙耸立，进入门内则为独立的院落。老街是明清陆路不发达时期徽商运粮经龙门至上官再至绍兴、苏州的商贸通道，数百年来世事变迁、风雨沧桑，虽然作为商贸通道的职责已被新修的由上官至富阳的公路所代替，老街依然是古镇的最主要街道。各厅堂组团相互交错、排列而成的窄巷古道构成了古镇的二级交通脉络（图 3-3）。

街道路面铺设采用卵石铺砌而成，好像龙之麟，所以叫龙麟路。显得幽雅别致、独具匠心。顺着龙麟路，一路经过很多祠堂，明哲堂、思源堂、世德堂、孝友堂、耕读堂，等等。据当地人讲，这种卵石铺就的路面不仅美观还兼有按摩足底的保健功能，常走可以消灾祛病、延年益寿，这当然是当地村民的良好愿望，但是卵石铺砌的纹络经雨水冲刷，越加显得清新脱俗，却是别有一番滋味。街巷两边的建筑，有大小繁简不同的门楼，高低错落的屋檐、马头墙以及街头巷尾的条基、

表 3-1 龙门古镇现存厅堂名录

序号	厅堂名称	建筑年代	建筑结构	建筑层数
1	孙氏宗祠	宋明清	木	一
2	思源堂	明	木	一
3	旧厅（庆善堂）	明	木	一
4	承恩堂	民国	木	一
5	居易堂	明	木	二
6	财神堂	明	木	一
7	耕读世家	明	木	一
8	燕翼堂	明	木	一
9	厚祉堂	明	木	一
10	积善堂	明	木	一
11	世德堂	明末清初	木	一
12	怀耕堂	清	木	二
13	明哲堂	明	木	一
14	山乐堂	清	木	一
15	怀珍堂	清	木	一
16	庆锡堂	清	木	一
17	春及堂	明	木	一
18	诚一堂	明	木	一
19	余荫堂	民国重建	木	一
20	陈箴堂	明	木	一
21	怀德堂	明	木	一
22	孝友堂	明	木	一
23	规模通德	清	木	一

现　状	占地面积（m²）	建筑面积（m²）	整治措施
旅游景点	2700	2700	保留修缮
旅游景点	200	200	保留修缮
公用	400	400	保留修缮
旅游景点	225	225	保留修缮
民用	130	250	保留修缮
旅游景点	80	80	保留修缮
公用	450	450	保留修缮
改建民居			
公用	100	100	保留修缮
旅游景点	100	100	保留修缮
旅游景点	250	200	保留修缮
民居	340	300	保留修缮
旅游景点	1213	1213	保留修缮
旅游景点	502	1200	保留修缮
已火毁	168	168	改建天子堂
旅游景点	150	150	保留修缮
公用	150	120	保留修缮
公用	500	500	已毁
旅游景点	150	130	保留修缮
旅游景点	85	85	保留修缮
公用	150	150	火毁
公用	150	100	保留修缮
民用	120	110	保留修缮

序号	厅堂名称	建筑年代	建筑结构	建筑层数
24	百步厅	清	木	一
25	咸正堂	清	木	一
26	百花厅	清	木	一
27	百狮厅	清	木	一
28	小孙厅	清	木	二
29	旧厅	明	木	一
30	迎山堂	明	木	一
31	存朴堂	清	木	一
32	荷花厅	明	木	一
33	育德堂	明	木	一
34	礼耕堂	明	木	一
35	保忠堂	清	木	二
36	明德堂	清	木	一
37	居仁堂	明	木	一
38	义仁堂	清	木	一
39	冶移堂	明	木	一
40	怡顺堂	清	木	一
41	承志堂	清	木	一
42	丰受堂	清	木	一
43	诚德堂	明	木	一
44	迎曦堂	清	木	一
45	乐善堂	宋	木	一
46	楼家厅	清	木	一
47	华萼堂	清	木	一
47	盛氏宗祠	清	木	一
48	徐氏宗祠	清	木	一

现　状	占地面积	建筑面积	整治措施
公用	189	189	保留修缮
公用	180	150	保留修缮
公用	292	292	保留修缮
公用	208	208	保留修缮
公用	150	100	保留修缮
公用	150	100	已毁
改建民居	150	100	
公用	200	150	已毁
公用	200	150	已毁
公用	150	150	火毁
民居	100	80	保留修缮
民居	150	260	
民居	200	350	保留修缮
民居	150	260	保留修缮
民居	150	280	保留修缮
民居	120	230	保留修缮
民居	210	350	保留修缮
民居	100	200	保留修缮
民居	150	280	保留修缮
旅游景点	150	150	保留修缮
民居	250	430	保留修缮
公用	130	130	已毁
民居	150	250	保留修缮
民居	620	1100	保留修缮
公用	650	600	保留修缮
公用	360	310	保留修缮

图 3-1 龙门古镇历史建筑分布图

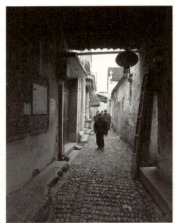

图 3-3 龙门古镇老街 2

图 3-2 龙门古镇老街 1

水井，无不展示出古镇的风姿，给人以步移景异的新奇感和神秘感（图3-4）。

现今的老街虽不如从前烦嚣、热闹，但静谧、内敛仍凸显了古镇明清街市的独特韵味。两旁的店铺依稀可见古时的招牌，小店里的光线暗淡，旧式的算盘、盛着糖果的玻璃瓶、还有龙门地方特产，都搁在高大沉重的老式木制柜台上。村里的老人都喜欢在老街石桥拐角处的一块条石上话家常（图3-5和图3-6）。

第二节　深巷幽居连厅堂——弄堂

古镇各厅堂民居由曲折幽深的巷道分隔或相连通，巷道的宽度一般仅达建筑层高的五分之一左右，少数还不到。屋舍墙檐相连，房廊纵横，长街曲巷连贯相通，形成了一种别具风味的深街幽巷，迂回曲折，犹如迷宫，显得宁静而富于变化。深长神秘的弄堂曲巷，幽静高深的厅堂院落，构成了龙门的基本单元。厅与堂，宅与屋两边外墙便是这些弄堂，大的两骑并辔，小的二人擦肩。这些弄堂与道路皆以龙门溪的卵石和龙门山上条石筑就，历经岁月磨砺，散发出厚重温婉的光泽。这廊檐相连的厅堂巷道，即使下雨天在古镇穿行，不用打伞也可以从一家穿到另一家去。最后形成廊房相连、'下雨天串门不湿鞋'之奇观。每条弄堂或接普通民居侧门，或是官宦人家后院，或许到头就进了府宅……古镇历尽沧桑迷宫般的弄有着深远的历史文化意义（图3-7）。

弄堂的名称因其所在的位置和规模而定。有些弄堂以宗族房系取名，譬如：三房弄、七房弄、十房弄等；也有用官宅家府为名，"余荫堂"又称"官房厅"，故其附近弄堂就叫"官房弄"……有的弄以堂名而取名，即"祠堂弄"，以孙氏祠堂而取名；"明哲堂弄"，以明哲堂取名；"怀珍弄"，以怀珍堂取名；还有的以建筑物名称取名，"朝岁弄"，以有一座朝岁庙而取名；"木桥弄"，因古时剡溪上建有木桥而取名。大多数弄堂还是平头百姓过往，没有名称（图3-8）。

另外，无名的弄有几百条，每座厅堂两旁都有暗弄，因龙门古时有一百多座厅堂，也已有几百条弄了（图3-9）。这些弄都通往厅堂，又称"弄堂"，是古代给

图 3 - 4　龙门古镇老街 3

图 3 - 5　龙门古镇老街 4

图 3 - 6　龙门古镇老街石桥上话家常

图 3-8　龙门古镇香火弄
（王梦雪摄）

图 3-7　龙门古镇巷弄 1
（王梦雪摄）

图 3-9　龙门古镇厅堂暗弄

女人走进厅堂的专用通道，因封建社会在堂内接待客人或办婚丧喜事，女人端茶，上菜不能往前厅走，只能往边弄走后堂边门进堂。所以女人一般很少进厅堂，只有家庭有特殊事情，即认亲、议事需要夫人、小姐上场也得走弄堂进边门进堂，因此，女人难得进堂，进堂又像客人一样，古时又称"堂客"。密如蛛网的狭小长弄，从千百年来有着龙门孙氏家族永不分离的亲密感。家与家之间，房与房之间，族与族之间紧紧相连，反映了吴大帝后裔有着社会礼仪道德和社会精神文明的历史缩影，走百家连一家，体现了孙氏家族连为一体的宗族凝聚力。

相传，古镇整体布局是根据孙武后裔及吴大帝子孙，那么多兵家武将之才，以迷魂阵的格局所建造的。这些曲折盘绕、错综复杂的弄堂很好地保护了龙门居民的安全，进了龙门仿佛进了迷魂阵，外人易进难出，故有"千年迷宫"之称。相传，清代"长矛"造反，来龙门火烧了几座厅堂，最后被龙门村民在弄堂楼窗里用石灰包炸走，而不敢继续侵犯。日本侵略军也到过龙门，走进长弄，转个弯就东西莫辨，也赶紧撤走。抓壮丁的前门进来，年轻人后门钻进弄堂便不知踪影。家庭之中，如有特发性事情，村民们通过小弄穿家走户传递信息，很快可以紧急集合。古镇的弄与孙氏宗族发展的悠久历史是分不开的，千百年来一直陪伴着吴大帝后裔团结祥和地居住在一起（图3-10～图3-12）。

在炎热的夏天，巷道内没有阳光直射，比较阴凉，夏天龙门的弄口常有三三俩俩的村民乘凉，龙门有句古话"若要凉，坐弄堂"，弄堂风最凉，胜过家中空调，弄堂乘凉也是村民的一种享受。

第三节　溪畔厅堂宜居住

龙门古镇的居住建筑，由于顺应溪流走向布局，住宅与厅堂的位置并不是完全的面向正南方，而是根据对面山势山形而略有变化。古镇徽式民居马头墙高低参差，错落有致；老街石桥，横卧溪畔；堤岸垂柳，倒映溪中；使溪畔人家古韵雅致，自然绘就"小桥、流水、人家"画卷（图3-13和图3-14）。这条溪流就是

图 3-11　龙门古镇巷弄 3

图 3-10　龙门古镇巷弄 2
（王梦雪摄）

图 3-12　龙门古镇巷弄 4
（王梦雪摄）

图 3-13　龙门溪两岸民居 3
（王梦雪摄）

图 3-14　龙门溪两岸民居 4
（王梦雪摄）

前边提到的"龙门溪"，它发源于古镇南边不远处的龙门山，由龙门山瀑布湍流到此，自南向北穿镇而过，将古镇分为东西两部分，与古镇北面的剡溪呈丁字相交汇聚为一。依溪而建的厅堂和民居，则分布在龙门溪东西两岸，龙门溪以西比较密集，由北向南为余荫堂、旧厅、工部（承恩堂）、明哲堂、世德堂等；龙门溪以东为百步厅、百花厅、百狮厅等厅堂建筑；耕读世家、山乐堂等为典型的邻水而筑的厅堂（图3-15和图3-16）。"沿着小溪才能走出古镇"，龙门古镇街巷中竖立一些警示牌，告诉初次进入古镇的外乡人，如果在村中弄堂转晕乎了，不用着急，只要寻着溪流就可以走出八卦迷魂阵。"逆水进城，顺水出城"（图3-17）。

龙门这一乡土宗族聚落是厅屋组合院落，按照一定规则组成的有序系统。由于各房都建有各自的厅堂，本房成员的住宅围绕厅堂而建，因此就形成龙门古镇独特的以厅堂为核心的多核心居住形态。厅堂四周分布这个房族的子孙旗人，依次延展，绵绵不穷，直至厅堂不足以满足该房族繁衍的需要，或族内有子孙、有能力自立门户而再建新的厅堂。厅堂组合的院落空间除了作为龙门古镇的居住生活空间外，还是重要的生产劳作和公共活动空间。各房族的厅堂是本房族的重要议事场所，每当族内有事需要商议，便由族内长者在厅堂内聚众商议、决策，如每年的祭祀大典、庙会等活动的筹备。在日常的生活中，房内成员可以在厅堂内进行生产加工和手工劳作活动，比如制作家具、生产工具等。而族内的妇女一般只能在民居内活动，不允许到厅堂中进行生产劳作（图3-18和图3-19）。

第四节　神灵崇拜祈福佑

自然经济的农业社会里，实用主义和泛神崇拜盛行，大多数传统村落的周围都散布着供奉各种神灵的庙宇、神阁。神灵崇拜起源于远古对日月星辰、山石水火的自然崇拜。其后，由于人们的某种需要，将对明贤圣哲，英雄壮士的纪念演化成为人神崇拜。人们生活有了难处，心中有愿望就去庙宇中叩头烧香，"祸福悉归于神"。在崇拜的自然史上说，庙宇敬神，乃是祖宗崇拜的延伸，以祖宗比诸神

图 3 - 15　龙门溪岸民居 5

图 3 - 16　龙门街巷水系 1

图 3 - 17 龙门街巷水系 2

图 3-18 龙门溪边耕读世家

图 3-19 龙门古镇砚池——邻水民居
（王梦雪摄）

明，前者只是家族内的权威者，而后者则是国家的英雄，在信仰上，敬神比较深一层，因此也更复杂。祖宗位于宗祠，神灵位于庙宇，祖灵附于神主牌位，神灵居于雕塑的神像。与某些古村落发达的神邸空间相比，龙门更注重宗族崇拜，相对于对神的崇拜反而在其次了。所以龙门古镇的庙宇建筑在建筑规模、装饰程度上都远不及宗祠和普通民居，外观上也少变化，型制相当的简陋。龙门主要的神邸空间有魁星阁、财神堂、龙门寺、土地庙等，但多半已毁。

财神堂坐落于古街万庆桥西首，由耕读世家孙孟骞募建。孙孟骞根据水是财这一点，选择在迎龙门溪水建财神堂，取其能聚财之意。财神堂南面古街，东临龙门溪，起初仅一开间，后在西面增扩了面阔三间的关帝庙。关帝庙大门朝南临街，占地 100 余平方米，财神堂共前后两进，前面原是供拜财神菩萨的神像，后面为管庙人的住处。财神堂与关帝庙皆建于清，土改时财神堂改为民居，关帝庙是国有保留，一度作为公共场所，曾办饮食店，后作加工厂，现为镇老年活动中心，由于习惯，龙门人都叫财神堂为"关帝庙"。关帝庙供奉是红脸关公，看来香火比较旺，两边的柱子和两柱之间拉的绳子上挂满红绸条，虔诚的信徒或香客，捐助了香火钱后，默默地祈求关公，并许上自己的心愿，获得一条红绸，把它系在石柱上或绳子，据说只要心诚，都能实现，非常灵验、远近闻名。特别是做生意的人，把它当作财神赵公明顶礼膜拜（图 3-20）。

龙门寺位于瑶坞东西约 700 米处，坐南朝北，现为龙门林场总部，仅存两个大殿和一进院落，大殿为三开间。五架梁，回廊式。两边原有房已毁，现存建筑殿内牛腿、梁坊雕刻精美。相传龙门寺始建于晋天福二年（437 年），由西月禅师所建，同时建寂光庵于山上。向来香火很盛。清道光年间僧秀文募资重建，同治初年又加以修缮。龙门寺又名妙岩寺，清代在此曾办过妙岩书院。后迁到孙氏宗祠内为小学。

龙门的神社组织多由各种会社组织管理，如胡静祭等。新中国成立前龙门古镇七成以上的农田属于各种祭会，为集体所有。其中，一部分是宗族内的祭田，另一部分是自愿结合的会社，会社超过数百，土地多寡不已，社籍可以继承、转让。

图 3-20　龙门古镇——关帝庙
　　　　　（王梦雪摄）

除宗祠、祭祖的祭阳按房系轮流外，会田由本会会员轮流耕种，每年收入全部用于庙会。各神社的活动都有相应的会社承担、操办。

龙门有着江南农耕型社会的血缘村落的典型特征，宗族组织比北方宗族型村落要严密得多，这也是南方宗族型古村落的共性。明清以来的商业发展史的古村落中的宗族势力逐渐减弱，神社组织在某种意义上加强了地缘带来的社会认同感和归属感，因而为广大村民所接受。神邸空间和宗祠在功能上都具有两种不同的性质：一种是显性的，即它们都是供人们祭祀的场所，只是宗祠是供奉祖先的，而庙宇是供奉民间的神灵；另一种是隐性的，即它们都担负着凝聚族人的功能，宗祠在宗族的范围内成为血缘关系的连接体，庙宇则从宗教的角度体现了地缘关系的认同。它们共同维系着村内的团结和归属感。

总之龙门古镇从整体上体现出一种典型的农耕文化，注重天人合一、以人为本，强调自然的统一，较少受到政权的统治约束。古镇接触自然要素多，受到自然的影响也更强烈。儒家"穷则独善其身，达则兼善天下"的思想观念在龙门聚居环境的体系建构方面比较明显，其选址更能从生态观出发，直接将自然山水裁减到村落景观中去，从而避免了拘泥于形式而疏远了自然。龙门古镇的村落空间形态也是南方古代宗族村落聚居的典型表现方式。

第四章 龙门古镇厅堂建筑实例——

走街串巷细描绘

在龙门古镇厅堂建筑中很有名气的思源堂、余庆堂、余荫堂、旧厅、明哲堂、山乐堂、世德堂、百狮厅、百花厅、百步厅、工部等十座厅堂建筑。其中有两座是宗祠，一座是思源堂，一座是余庆堂，位于龙门溪以西。

第一节　思源堂建筑

思源堂为龙门孙氏元枝（大房）孙权二十八世孙孙治的宗祠。原与亨支（小房）余庆堂共一宗祠，即孙氏宗祠。后子孙繁衍，仅孙氏宗祠不敷宗族活动之用，大房另建祠堂思源堂。修建思源堂，除了人口增多支派繁衍，仅一个香火堂不适应宗族活动需要的原因外，据传还有宗派间因发生争大小位的矛盾，引发治房另建思源堂。

龙门的风俗是正月十三上灯，过了元宵，正月十八落灯。元宵灯节悬挂祖先画像，迎接戏灯是极重要的活动，矛盾发生在正月初一挂承（祖像），所以初一赶在十三上灯，只有十三天时间，匆匆赶造情况可以想见。这虽然只是民间流传的一种说法，但是原思源堂梁柱构架较简单，无雕饰、无油漆，似乎确乎是为了赶时间而做的。原思源堂三间二弄，中间开井，前面门厅，左右为廊。思源堂是典型的"回"字形的厅堂。思源堂八字门前竖有以花岗岩为基础的旗杆一对，人称"旗杆夹"，祠堂门前竖起的旗杆夹，象征了孙氏家族姓做官的人多，实力越强大（图4-1～图4-4）。

思源堂为孙治的宗祠。思源堂，顾名思义，这是孙氏后裔饮水思源、怀念祖先的意思。它始建于明朝，现其整体风格上都是明朝时典型的抬梁式构造。根据孙氏老辈相传：迁来龙门定居的孙钟有两个儿子，长子孙治，幼子孙洽。原来孙氏两兄弟的子孙共用一个祠堂，有一年年三十前在祠堂里挂祖宗的画像，幼子孙洽的子孙比较多，先来祠堂，把祖宗的画像先挂好了，长子孙治的子孙看了不舒服，气呼呼地走出了祠堂，年三十开工，到正月十三（龙门人要挂灯的）上灯时，建成一个新的祠堂，把长子孙治下来的祖宗画像挂到了新祠堂里，起名"思源堂"。从此以后，龙门孙氏有了两个祠堂，即老祠堂（余庆堂）、新祠堂（思源堂）。子孙们把各自祖宗的画像分别挂在老祠堂（余庆堂）和新祠堂（思源堂），思源堂厅堂内挂有很多牌匾，不管是长子孙治的子孙有功名，还是幼子孙洽的子孙有功名，都要制作两块匾额，分别挂在老祠堂和新祠堂，有光宗耀祖之意。此外，反映宗族人氏功名的载体是堂匾，以这种形式来标明、记载自己光荣的祖先和家族里的优秀人物（图4-5）。

思源堂的正中悬挂的一幅画是孙钟，孙钟为龙门鼻祖。他在龙门一带隐居种瓜，世人称其为"瓜邱"。据《富春龙门孙氏宗谱》记载："孙钟，汉灵帝时人，性至孝，隐居阳平山种瓜为业，阳平山，在县南四十五里，汉孙钟种瓜其上。一日：有三少年诣钟献瓜，谓钟曰：'予司命也，以君孝感于天，故来耳。'遂指山曰：'此堪为墓，君行数步可顾我，见我去，即志地。'钟行五十步顾之。三人曰：'顾太早。'于是三人化鹤冲天。钟以物志之后，钟卒，子坚葬钟于穴墓上，常有紫云蔓延数十里。人谓：孙氏兴矣。其地山川回合真胜地也。"

图 4 - 1 思源堂大门外景

图 4 - 3 思源堂正厅梁架

图 4 - 4 思源堂内景天井

图 4 - 2 思源堂正厅内景

图 4 - 5 思源堂内景牌匾

原思源堂已破败，现存建筑为旅游开发所重新修建，但门厅与左右走廊未恢复。思源堂虽是大房的祠堂，由于大部分后裔迁诸暨，一切祭祀活动与修谱，与亨支余庆堂一同进行（图4-6～图4-8）。

第二节　余庆堂建筑

余庆堂即为孙氏宗祠，是龙门孙氏的总祠堂。因袭"积善余庆""积恶余殃"，龙门人一直信奉"积善之家有余庆"的持家思想。

余庆堂主体建筑宏伟宽广，两侧山墙变化丰富，错落有致，主体建筑三进，正厅面阔三间二弄，宗祠分为门厅、正厅、后堂，两侧有厢房。大门分为正门和偏门，左、中、右三扇大门，正中大门后为戏台，一般出入走左右边门，如遇显赫贵宾，则拆除戏台开大门。历史上曾开过一次大门，是晚清时诸暨孙氏后裔翰林孙廷翰来龙门谒祖时开过。大门外又是八字门廊，有东西两辕门。大门左右是石抱鼓，雕有鱼尾龙头纹，这是皇家子孙才可以刻的，民间通称这是"门档户对"。祠前是个很大的广场，青砖碎石铺就。檐廊前是清道光年间拔贡孙秉元立的旗杆，过道地左看即为孙氏宗祠八字外大门，有东西两辕门（图4-9～图4-11）。

正厅前天井方砖铺地左右廊屋环绕，正厅楣上悬"余庆堂"匾额，屋内梁上满挂"状元及第"和文武进士功名牌匾，反映出孙氏宗族代出名贤。正厅前天井东西为廊屋，廊屋上挂左钟右鼓。正厅后，隔走廊与东西小天井为荫堂，荫堂面阔三间，是陈列祖先牌位的地方，尊孙权祖父孙钟为首位，上有"无忝所生"匾额（图4-12～图4-17）。东面两间抱屋是民国年间（1918年）圆谱时扩建的，余庆堂办学校时候，正好是两个教室和寝室。天井中间用卵石砌成的回头鹿，这是龙门孙十老太公时，用这鹿的血断了龙门寺的龙脉，从此僧侣衰落，孙氏日盛，是感恩它为孙氏而死的德行而砌成的。

图 4-6　思源堂平面测绘图
（周薇等绘）

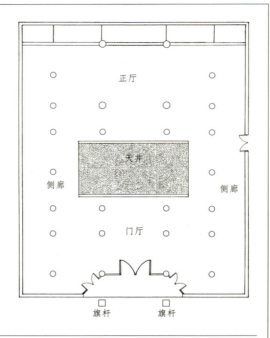

正厅

天井

侧廊　　　　　　　　侧廊

门厅

旗杆　　旗杆

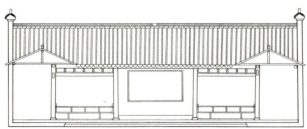

图 4-7　思源堂正厅立面测绘图
（郑钞敏等绘）

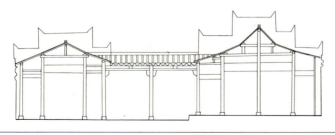

图 4-8　思源堂剖立面测绘图
（王烨超等绘）

图 4 - 9　孙氏宗祠大门外景
（王梦雪摄）

图 4 - 11　孙氏宗祠天井
（王梦雪摄）

图 4 - 10　孙氏宗祠门厅

图 4 - 12　孙氏宗祠正厅

图 4 - 14　孙氏宗祠侧廊内景

图 4 - 13　孙氏宗祠正厅内景
　　　　　　（王梦雪摄）

图 4 - 15　孙氏宗祠平面测绘图

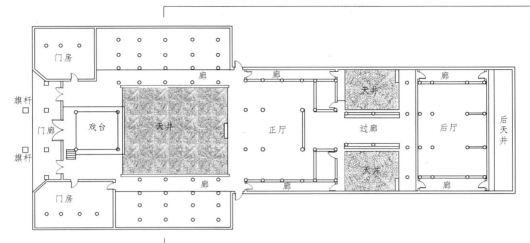

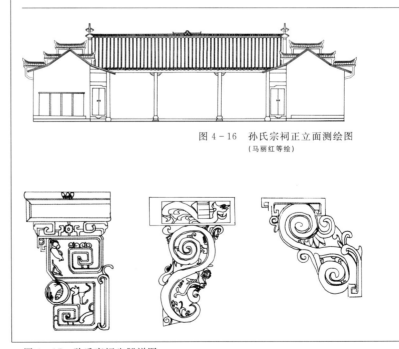

图 4 - 16　孙氏宗祠正立面测绘图
(马丽红等绘)

图 4 - 17　孙氏宗祠牛腿详图
(庞颖祎等绘)

孙氏宗祠的原址为孙处士祠，是供奉孙权祖父孙钟的香火堂。孙氏宗祠初建于南宋，后经历代扩建，最后一次扩建于乾隆五十六年。孙氏宗祠明清都有重修的纪录，西面原是园地，土改后作为广场，约 3000 平方米。余庆堂是龙门孙氏家族庆典、祭祀和议事的重要场所，也是全镇重大事件活动的场所，余庆堂的功能：一是祭祖纳主，每年春秋二祭；二是在此商议宗族中重大事件，如续族谱（如 2004 年 3 月龙门孙氏成立孙氏协会，在孙氏宗祠召集族人商议重修族谱事宜）；三是用于龙门族庆活动的娱乐场所，宗祠内所藏禁碑也有记载：宗祠是为了"……敬祖宗雨安先灵也……左右厢屋大门俱不准堆放一切杂物……"。它还是龙门中心小学历来的办学之处，为培养龙门孙氏文化教育做了不少贡献，直至新校舍建成搬迁。

宗祠后堂内供奉着宗族祖先及历代对宗族发展有重大作用的先人牌位；各房支的祖先牌位则安置在房头祠内，即"厅堂"内。牌位亦称"神主"，简称"主"，木制，长约 25～30 厘米，宽 10 厘米，上书先人名讳、生卒年月和立主后嗣名字，按昭穆次序，放于灵台之中。灵台下设一枣木阁几为"香案"，置烛台、香炉、供品等，祭台即行于其前。至春秋祭期，主祭族长或房长以及执事绅董，至祠堂大门外必须下轿，不得坐轿入内。

第三节　余荫堂建筑

余荫堂又叫"官房厅"，此堂初建于明代，民国时期重建，历经近百年保存完好。是孙权第四十五世孙[①]孙濡房下的议事厅。宗谱记载：孙濡，字孔恩，号惠泉。明嘉靖年间选贡，任河南长葛县知县，故"余荫堂"也称"官房厅"。余荫堂是典型的"回"字形结构。中间天井、正厅和左右围廊，四周是本房成员的住宅，围以围墙成封闭式的庭院（图 4-18 和图 4-19）。

余荫堂格局一进一出，正厅面阔三间，柱础坚实，结构简单，外由一条条鹅卵石铺就的巷道交错互通，被称为"深巷幽居"。余荫堂主要是木构架结构，即采

图 4-15 孙氏宗祠平面测绘图

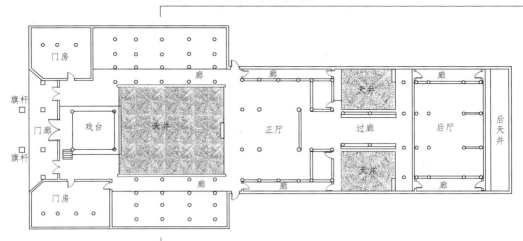

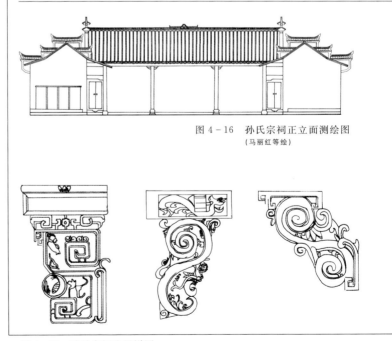

图 4-16 孙氏宗祠正立面测绘图
(马丽红等绘)

图 4-17 孙氏宗祠牛腿详图
(庞颖祎等绘)

孙氏宗祠的原址为孙处士祠，是供奉孙权祖父孙钟的香火堂。孙氏宗祠初建于南宋，后经历代扩建，最后一次扩建于乾隆五十六年。孙氏宗祠明清都有重修的纪录，西面原是园地，土改后作为广场，约 3000 平方米。余庆堂是龙门孙氏家族庆典、祭祀和议事的重要场所，也是全镇重大事件活动的场所，余庆堂的功能：一是祭祖纳主，每年春秋二祭；二是在此商议宗族中重大事件，如续族谱（如 2004 年 3 月龙门孙氏成立孙氏协会，在孙氏宗祠召集族人商议重修族谱事宜）；三是用于龙门族庆活动的娱乐场所，宗祠内所藏禁碑也有记载：宗祠是为了"……敬祖宗雨安先灵也……左右厢屋大门俱不准堆放一切杂物……"。它还是龙门中心小学历来的办学之处，为培养龙门孙氏文化教育做了不少贡献，直至新校舍建成搬迁。

宗祠后堂内供奉着宗族祖先及历代对宗族发展有重大作用的先人牌位；各房支的祖先牌位则安置在房头祠内，即"厅堂"内。牌位亦称"神主"，简称"主"，木制，长约 25～30 厘米，宽 10 厘米，上书先人名讳、生卒年月和立主后嗣名字，按昭穆次序，放于灵台之中。灵台下设一枣木阁几为"香案"，置烛台、香炉、供品等，祭台即行于其前。至春秋祭期，主祭族长或房长以及执事绅董，至祠堂大门外必须下轿，不得坐轿入内。

第三节　余荫堂建筑

余荫堂又叫"官房厅"，此堂初建于明代，民国时期重建，历经近百年保存完好。是孙权第四十五世孙[①]孙濡房下的议事厅。宗谱记载：孙濡，字孔恩，号惠泉。明嘉靖年间选贡，任河南长葛县知县，故"余荫堂"也称"官房厅"。余荫堂是典型的"回"字形结构。中间天井、正厅和左右围廊，四周是本房成员的住宅，围以围墙成封闭式的庭院（图 4 - 18 和图 4 - 19）。

余荫堂格局一进一出，正厅面阔三间，柱础坚实，结构简单，外由一条条鹅卵石铺就的巷道交错互通，被称为"深巷幽居"。余荫堂主要是木构架结构，即采

图 4 - 18　余荫堂大门外景

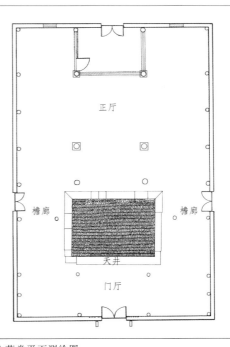

图 4 - 19　余荫堂平面测绘图
（樊豪静等绘）

用木柱、木梁构成房屋的框架，屋顶与房檐的重量通过梁架传递到立柱上，墙壁只起隔断作用，而不是承担房屋重量的结构部分。房屋以穿斗式和抬梁式相结合，由于斗拱比例缩小，出檐深度减少，柱比例细长，梁枋比例较大，房屋柔和的线条消失，因而呈现出拘束但稳重严谨的风格，建筑形式精炼化，符号性增强（图4-20～图4-22）。回廊的梁架使用了莲花垂柱，也叫"悬梁吊柱"（图4-23和图4-24），这种结构在龙门古镇不多见。丁字形的架梁方式，石础两重，石鼓上饰乳钉，下为覆盆，正厅有个天井，并且细部装饰的牛腿、短柱等都设计精巧，其中大厅两侧的牛腿都有木雕刻的狮子、梅花鹿，寓意美好的动物被雕刻得栩栩如生，是典型的明代建筑（图4-25和图4-26）。

孙濡生前留有"端履"两字作为孙濡亲笔书教育后代的家训，意即做人行事要清白端正，走正道。这两字的石碑原嵌在旁边的石坊上，造余荫堂时，移到大门上作门楣。

"余荫堂"匾额下面是孙濡的画像。画像左右的题词是后人对他的评价。画像左右两根梁柱上写着一副对联：天地间第一件事还是读书（左）；古今来几许世家无非积德（右）。画像右边写的是孙濡墓志铭题记：夫其居官则历有贤声，林下则雅称完帝。前以继往祖之芳徽，后以启嗣昆之统绪。据公之行，考公之实，公真无愧怍者矣。惟公之德，为世所宗；惟公之风，范世无穷。

孙濡，明朝嘉靖年间任河南长葛县县令，曾遇旱灾，民无以为生，他回乡倾其家产购置抗旱作物荞麦籽，并对天长叹："宁可绝我子孙，不可灭我子民。"感动上苍，普降甘霖，荞麦丰收，救民于灾难中，荞麦为此被叫做"孙公麦"。据传，余荫堂就是长葛县的市民资助在龙门建的。孙濡为官清廉，至仕回乡，从运河南下，途径太湖，被强盗截住，上船搜索一无所有，如此两袖清风的官僚，强盗也感叹不已。太湖义盗（实为农民起义军）被朝廷招安后，因敬重孙濡之廉洁，赠以湖石一船。赠送两块太湖石和"清史流芳"一匾。孙濡将两座湖石赠给孙氏宗祠。庭院中为其中的"青史石"（原件）仍保存至今（图4-27）。

图 4 - 20　余荫堂正厅正面

(a) 余荫堂大门外立面测绘图

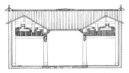

(b) 余荫堂正厅剖立面测绘图

(c) 余荫堂纵剖立面测绘图

图 4 - 22　余荫堂剖立面测绘图
(彭莉等绘)

图 4 - 21　余荫堂正厅东立面

图 4 - 23　余荫堂天井

图 4 - 24　余荫堂西廊

图 4 - 26　余荫堂牛腿雕刻

图 4 - 25　余荫堂梁架雕刻

图 4 - 27　余荫堂垂花柱

第四节　旧厅建筑

　　旧厅是龙门明朝时期最早的厅堂，初建于明正德年间。因年代久远，堂名久轶，后人一直称该厅堂为旧厅，2008年重新起名为"庆善堂"，是工部郎中孙坤裔孙的议事厅（图4-28）。为孙权第三十七世孙[2]孙钿（俗称十七阿太）所建。因年代久远，堂名难以考查，故俗称"旧厅"。该厅坐南朝北，占地18.44平方米。面阔三间二弄，进深前后均为双步，明间回界。正厅前有卵石甬道直通门楼，长15米，宽2米，并通往老街，两侧有长凳，木石砌成，称"懒凳"，是村民聊天、休憩的场所。鹅卵石通道两旁是天井（图4-29）。

　　旧厅建筑宏伟，构件不加雕饰。梁架结构为台梁式与穿斗式相结合，明间为台梁式，次间穿斗式（图4-30和图4-31）。东西侧明间各一缝梁架为九檩四柱，五架梁带前后双步，横梁为梳形勾线梁。圆柱，柱顶卷杀，架梁、斗拱、雀替不加雕饰，简洁大方，乃保留了明以前的风格（图4-32）。旧厅中的斗拱多为"补间辅作"[3]，没有过多装饰，柱头间使用大、小额枋和随梁枋，斗拱的尺度小，间距密（图4-33）。柱础为两重，上为石鼓，下加覆盆，饰两周乳钉（图4-34）。正厅两侧廊皆有暗弄与前后相通（图4-35～图4-38）。

　　钿生五子，子孙兴旺发达，为龙门一大族，在外有功名人士较多，光耀祖宗。旧厅为龙门孙氏大五房的众厅，旧厅建立起来的原因就是为了方便大家举行婚事和丧事，在厅堂内阁楼上立有祖宗牌位，每年正月十三至十五元宵节期间祭祖，正月十三凡家里生男丁都要到该厅堂挂一盏红灯笼，叫"子孙灯"，称十三上灯以示子孙满堂，由此形成龙门古镇的一个独特风俗。当然，挂灯笼也是有讲究的，当地居民会在每年的正月十三至正月十八之间挂上，大年三十打扫厅的卫生，此时会把旧灯笼给摘下，也就是说灯笼只能挂一年。厅内还挂上十七阿太祖宗画像，供后裔们上香朝拜。

图4-29 旧厅院落及正厅
（王梦雪摄）

图4-28 旧厅过厅

图4-30 旧厅明间内景

图 4 - 31 旧厅梁架

图 4 - 33 旧厅斗拱补间辅作

图 4 - 32 旧厅柱顶卷杀

图 4-34 旧厅柱础

图 4-35 旧厅侧廊与巷弄相连
（王梦雪摄）

图 4 - 36 旧厅平面测绘图
(毛仕赟等测绘)

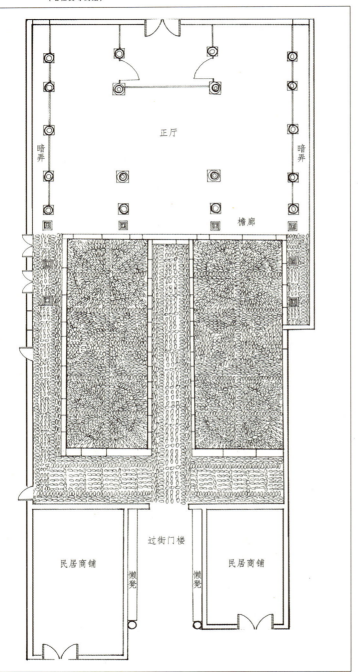

正厅

暗弄 暗弄

檐廊

过街门楼

民居商铺 民居商铺

懒凳 懒凳

图 4 - 37　旧厅正立面测绘图
（汪俊等测绘）

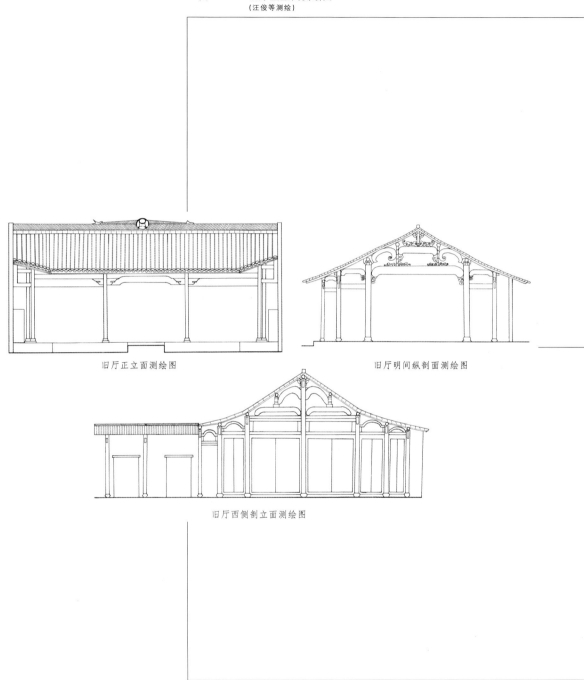

旧厅正立面测绘图

旧厅明间纵剖面测绘图

旧厅西侧剖立面测绘图

图 4-38　旧厅月梁斗拱详图
（顾安妮、胡雅馨测绘）

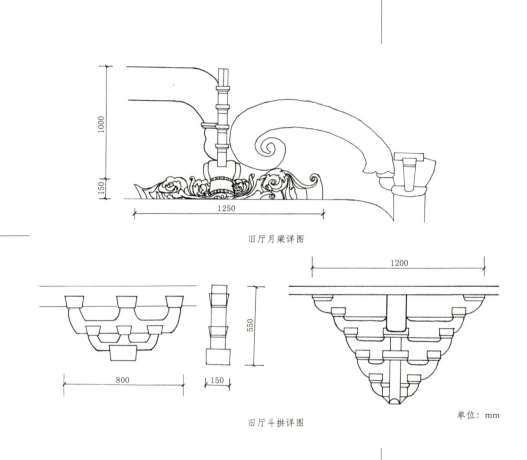

旧厅月梁详图

旧厅斗拱详图

单位：mm

　　相传，孙颐教育子孙，耕读传家。编写"孝、悌、勤、俭"四箴，为家族治家之典范。其子十七阿太孙钿牢记父亲之四箴，治家有道，子孙都信服他、崇拜他。有一年，因小孩玩火不小心，把厅堂烧了。凑巧男主人外出数月未回家，女主人很能干，她凑足资金，发动子孙采购材料，在一个月内把厅堂按原样重新建造。后来，男主人回到家后，没有发觉厅堂被烧过，但毕竟人多瞒不住，有人告诉男主人厅堂已被烧这一事件，现在的厅堂是重建的。孙钿知道后不但没有责怪她，反而称赞起自己的夫人，自己不在家的时候，夫人能处理好这么大的事情而感到自豪。那时，十七公夫人造厅一事，成为龙门人的美谈，深受大家爱戴和尊敬。

第五节　明哲堂建筑

　　明哲堂是孙权第四十七世孙①孙襟阳第五个儿子孙润玉（人称五阿太）的议事厅，襟阳为龙门十一阿太玄孙，人称章村阿太，授官鸿胪寺序班，五子润玉人称五阿太，明哲堂因此也叫"五边厅""五边门"。

　　明哲堂建于明代，规模宏大，占地面积 940 平方米（图 4-39 和图 4-40）。前后三进，为门厅、正厅、后堂，后堂间有两个天井，四周环以本房成员宅居，大门外道地广阔，道地外筑以围墙，独立成院（图 4-41~图 4-43）。正厅面阔三间，进深前后双步，内部空间开阔，规模宏大，梁柱结构明晰，柱础坚实，结构简单，古朴无雕饰。梁的两头不用榫头、卯眼，而用丁字形的梁架，区别于不用巨大的木材劈成两头小的梳形梁，牢固省料（图 4-44），是少见的架梁结构。后进堂楼有明代特点的直棂窗（图 4-45），居民还保留明代的木础。此类结构，全村只有明哲堂和思源堂两处。正厅经天井卵石道为门厅，均为一层。厅后隔天井是两层堂屋。整体结构完整，是龙门古建筑"厅堂组合院落"的典型代表。明哲堂民宅居住密度最大，民居之间廊房相连，穿堂过户，下雨天跑遍各家不湿鞋，在这里表现得最明显。曲径幽巷，外面人进入都会迷失方向，如入迷魂阵（图 4-46 和图 4-51）。

图 4 - 39　明哲堂外景
（王梦雪摄）

图 4 - 40　明哲堂门厅
（王梦雪摄）

图 4 - 41　明哲堂正厅内景
（王梦雪摄）

图 4 - 42　明哲堂一进天井
（王梦雪摄）

图 4 - 43 明哲堂二进天井
（王梦雪摄）

图 4 - 45 明哲堂后进直棂窗
（王梦雪摄）

图 4 - 44 明哲堂正厅梁架

图 4 - 46　明哲堂平面测绘图
（罗海艺等测绘）

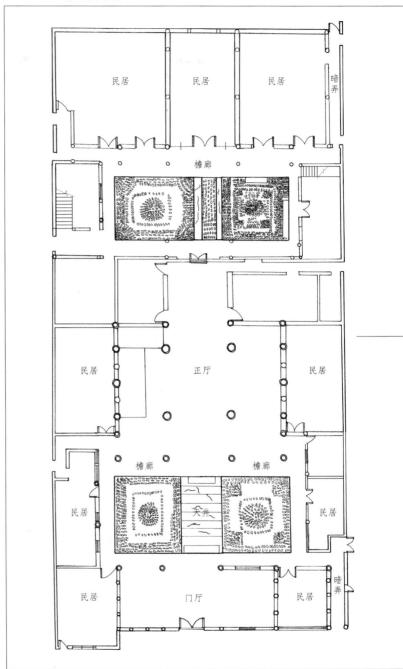

图 4 – 47 明哲堂正厅明间纵剖面图
(胡婉玲等测绘)

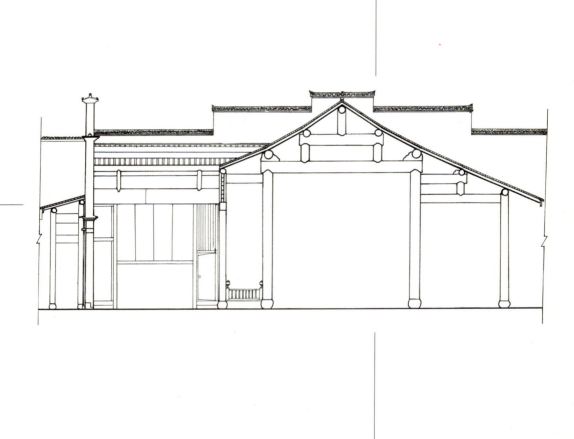

图 4 - 48　明哲堂农具展示——水车

图 4 - 49　明哲堂农具展示——石磨

图 4 - 50　明哲堂生活用具
　　　　　展示——悠篮

图 4 - 51　明哲堂农具展示
　　　　　——石臼和木臼

明哲堂原为龙门孙氏最兴盛的一房，人丁兴旺，子孙繁衍众多，人才辈出，且多为青壮年，考取功名，外出做官的人不少。"耕读传家"一直是明哲堂的农训，明哲堂内早就办有书塾，读书的人较多，常常是琅琅读书声此起彼伏，课余休息，明哲堂大门外的砚池就成为了孩子玩耍嬉戏的好场处。现明哲堂正厅展示有一些龙门古镇特色农具及生活用品，借此了解古镇居民原本的生活状态。

龙门古镇大多数门楼都是砖砌加石雕，明哲堂门楼则比较简单。传说五阿太也叫"五麻子"，可能是麻脸。清兵入关时，他是龙门的富户，带头抗缴皇粮，激怒了清兵。据传清兵要来烧他的房子，他化装成渔民，身披蓑衣、头戴笠帽，天天在石塔山边垂钓。一天，果然清兵来了，清兵将他捉住，问他："五麻子房子在哪里？"他回答："龙门村里凡是砖砌台门的房子都是五麻子的"，结果清兵到龙门大肆烧房子，大部砖砌门楼的房子如燕翼堂、冬官厅、四十五阿太的花厅都遭厄运，独明哲堂没有烧，因为明哲堂是没有砖砌门楼的，直到现在大门是简单的二根木柱上加人字坡。

第六节　山乐堂建筑

山乐堂建于明末清初，为孙权第五十世孙[5]孙仁有所造。"智者乐水，仁者乐山"，主人以自己的名字引申，取名为"山乐堂"，寓意以山为乐之意。主人以农为业，兼砍竹赚钱建此屋，以传后世（图4-52和图4-53）。山乐堂为"回"字形平面，坐西朝东，面积493平方米，三间二层，由台门、前厅、正门、后堂组成。楼下厨灶屋，楼上卧室，内设天井两个，通进29米，通宽17米。两侧为厢房，两侧呈中轴线对称。中有天井采光的走马堂楼，后堂有天井与鱼池（图4-54和图4-55）。走马堂楼式建筑，柱础坚实，结构简单，柱上梁架不用榫头、卯眼、"丁"字形的架梁方式。其中牛腿起承重作用，围墙灰暗简朴（图4-56～图4-65）。

图 4 - 52 山乐堂外景

图 4 - 53 山乐堂内景及天井

图 4 - 54 山乐堂平面测绘图
（卜佳杰等测绘）

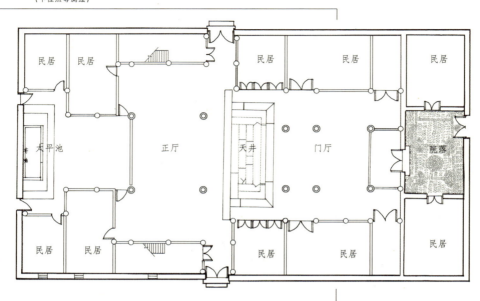

图 4 - 55 山乐堂外立面测绘与内部门窗详图
（卜佳杰等测绘）

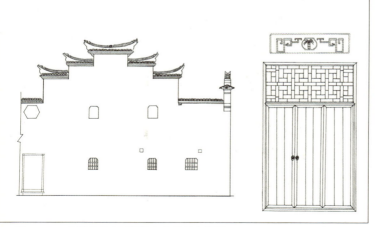

图 4 - 56　山乐堂内景及天井

图 4 - 57　山乐堂内景雕花

图 4 - 58　山乐堂牛腿雕刻三国故事实物与详图

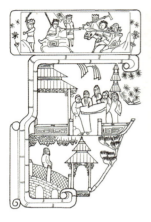

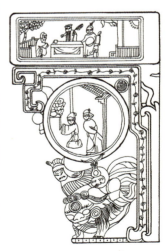

图 4 - 59　山乐堂牛腿雕刻实物与详图

图 4 - 56　山乐堂内景及天井

图 4 - 57　山乐堂内景雕花

图 4-58　山乐堂牛腿雕刻三国故事实物与详图

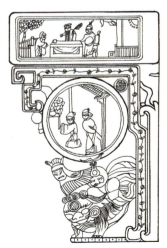

图 4-59　山乐堂牛腿雕刻实物与详图

图 4 - 56　山乐堂内景及天井

图 4 - 57　山乐堂内景雕花

图 4 - 58 　山乐堂牛腿雕刻三国故事实物与详图

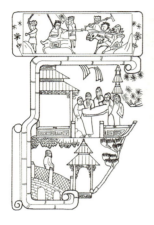

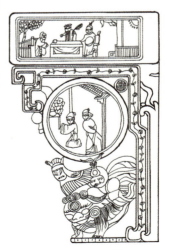

图 4 - 59 　山乐堂牛腿雕刻实物与详图

77

图 4 - 60　山乐堂牛腿雕刻人物

图 4 - 62　山乐堂牛腿雕刻鹿形

图 4 - 61　山乐堂后厅牛腿雕刻

图 4-63　山乐堂牛腿雕刻人物

图 4-65　山乐堂牛腿——狮子侧面

图 4-64　山乐堂牛腿——狮子正面

山乐堂与明代建筑截然不同，正厅前檐，门厅后檐和左右厢房前檐，门窗梲边均雕以飞禽走兽、渔樵耕读、二十四孝、桃园结义、八仙过海、福禄寿喜、水浒故事等应有尽有，可以说是雕满了房屋正厅、门厅，厢房的前檐、后檐和门窗梲边的每一根木头。雕刻讲究，刀法细腻，线条流畅。据说十多名雕刻师，花了足足七年进行雕刻。雕刻中的一些人像及兽像在"文化大革命"时期遭到破坏，由后期补刻上。门厅后檐和厢房前檐及正厅前檐之间的檐枋交接点施以垂莲柱，雕成花灯状，梁架构件皆雕刻精致。其中镇宅之宝要数"牛腿"上的"麒麟送子——一公一母"，手法运用到镂空雕。其正梁上雕刻的是诸葛亮的空城计。

山乐堂正厅天井置有两只水缸，水缸的作用为聚财，也相当于消防器材，其中有铜钱，意味"肥水不流外人田"，也预示家人长寿。山乐堂东面为砚池，北面为明哲堂，西面则为孙氏宗祠，两两相得益彰，处处体现着和谐美好，使得不同单体建筑的组合凑成一幅美丽的画卷。其善择基址、因地制宜、整治环境，采用风水及文学的手段等进行补偿的因素，更使得建筑与环境融为一体。

第七节　世德堂建筑

世德堂是龙门大房（孙五阿太）慈六公的厅堂。又名下大边，始建于明末清初，建筑风格沿袭明代（图4-66）。由孙权第四十世孙慈六公之曾孙念阳公所建。念阳公名元进，号孙昌，号绿叶，把"孝敬父母、礼貌街人"立为家训，世德堂由此而得名（图4-67和图4-68）。

世德堂宏伟宽广，建筑面积为902平方米。厅堂前后两进，称前厅后堂。面阔三间二弄，前有天井花坛，大门在东首向南，厅后退堂设有香火堂，原来后面是堂楼，毁于火患。正厅东西侧为民居，西侧有狭窄的暗弄，称为"边门暗道"，为下人的通道（图4-69～图4-72）。正厅边弄，东首已改作民房，西首的还在，是狭窄的暗弄。前厅柱础坚实，石鼓上下饰乳钉，下为覆盆；月梁与斗拱券杀简洁大气，造型优美（图4-73）。后堂为两层堂屋，左右环以本房成员住宅，厅屋组合院落大小相宜，富有变化。后堂于乾隆年间遭火灾后重建。

图 4－66　世德堂门楼
（王梦雪摄）

图 4－67　世德堂院内东侧

图 4-68　世德堂正厅
（王梦雪摄）

图 4-69　世德堂梁架

图 4－70　世德堂立面测绘图
（沈瑜晴等测绘）

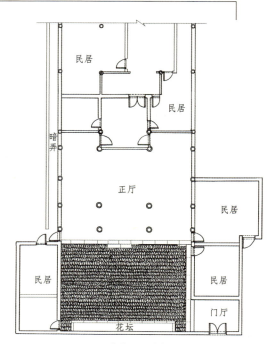

(a) 世德堂平面测绘图

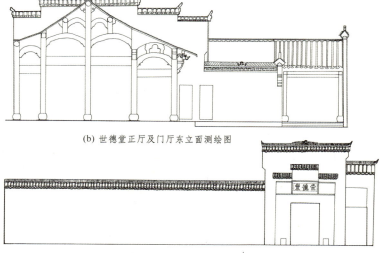

(b) 世德堂正厅及门厅东立面测绘图

(c) 世德堂门厅外立面测绘图

图 4-71　世德堂檐廊拱撑实物及测绘图
　　　　　〔林洁等测绘〕

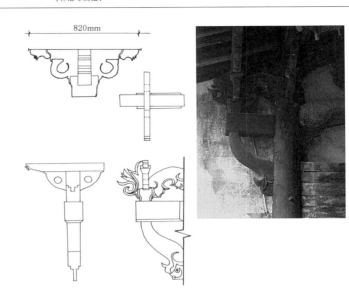

图 4-72　世德堂正厅台梁细部
　　　　　〔林洁等测绘〕

图 4-73　世德堂东边的民居巷弄
　　　　　〔王梦雪摄〕

世德堂有三房，即华房、国房、儒房，故堂匾为"华国儒宗"。

孙念阳经商致富，乐心于龙门的公益事业，造福全村百姓。"大德施人济天下，春风化雨润江南"。

第八节　百狮厅建筑

"百狮厅"又叫"慎修堂"，建于清中期，龙门人都叫前敞厅，因地处村南边沿，与后敞厅光裕堂相对而言。慎修堂是龙门孙氏智七公成章支派，孙权二十九世孙孙镛名下议事厅。堂东、西、北三面环居本房成员，外筑围墙，也是较典型的"厅堂组合院落"。百狮厅檐廊外是土地，前有花坛，以前栽有牡丹等花卉，围以围墙，整个建筑气势宏大开广，正厅朝南面临龙门山，百狮厅是从北面后门进入（图4-74和图4-75）。院落内是精致、恬静的厅堂，院落外是宽阔、粗犷的乡野，田园生活和乡野情趣两相交映，互为补益。慎修堂远处群山环抱，入口处龙门溪迎面而来，绕过百狮厅流入古镇，空气清新，采光充足（图4-76）。

入口至大厅有六间长敞廊，该厅面阔三间，原为二进，后进毁于战乱。后进与前进之间，尚存砖建门楼，额题"积善庆余"，为清书法家梁同书书写（图4-77和图4-78）。慎修堂之所以称"百狮厅"，因为每根檐柱牛腿、前廊月梁及各间廊上均雕以各种形态的狮子，有一雕一狮，也有一雕数狮，有母狮和小狮，或俯扑、或仰跃、或倒悬，有的咆哮、有的威严、有的和蔼，姿态各异，刀法娴熟，栩栩如生，雕刻技艺高超。"百狮厅"一名由此而来。百狮的"百"虽然不是确数，全前后堂确实有不少，也许要超过百头，可惜毁于战乱，只剩了慎修堂的前厅（图4-79～图4-85）。

前有宽阔的道地，故被称为"前敞厅"。百狮厅与百步厅、瑞微堂、素怀堂、道丰堂、神主堂、构成"井"字形建筑群，为龙门古镇最大的建筑群落之一。建造前敞厅是以孙镛太为主，建筑上的木雕是请东阳木匠来完成的。百狮厅完工于嘉庆十五年。百狮厅里面还有一个内厅，这种做法在龙门古镇中很少见，内厅上方的屋梁是假屋梁起装饰作用，为了让厅更加的好看（图4-86～图4-88）。

图 4 - 74　百狮厅后门

图 4 - 76　百狮厅檐廊
（王梦雪摄）

图 4 - 75　百狮厅厅堂外观
（王梦雪摄）

图 4 - 77 百狮厅正厅内景

图 4 - 78 百狮厅梁架细部

图 4-79　百狮厅正厅檐廊雕刻实景与测绘图
（王玫玮等测绘）

1770mm

500mm

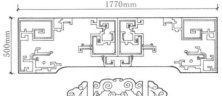

图 4-81　百花厅正厅檐廊
　　　　　牛腿狮子雕刻 1

图 4-82　百花厅正厅檐廊
　　　　　牛腿狮子雕刻 2

图 4-80　百花厅正厅檐廊牛腿斜撑与细部雕刻

图 4 - 83　百花厅正厅檐廊牛腿狮子雕刻侧面

图 4 - 85　百狮厅正厅梁架小斜撑

图 4 - 84　百狮厅正厅檐廊象鼻及横撑

图 4－86　百狮厅平面测绘图

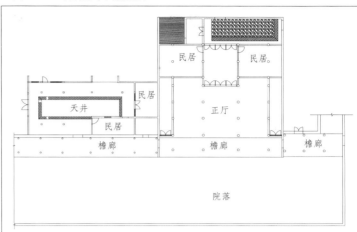

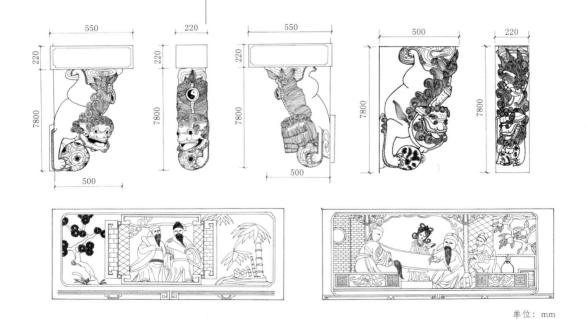

单位：mm

图 4－87　百狮厅檐廊牛腿细部详图
（陈恩兰、杨宝凤等测绘）

图 4-88 百狮厅正厅剖立面测绘图
（匀碧古建筑设计院测绘）

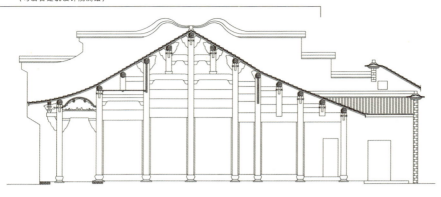

(a) 百狮厅正厅西侧剖立面测绘图

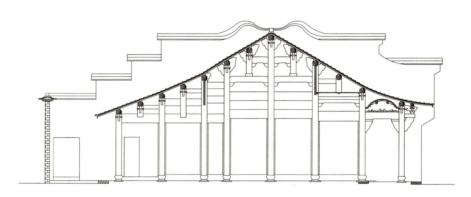

(b) 百狮厅正厅东侧剖立面测绘图

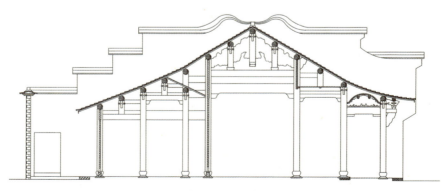

(c) 百狮厅正厅明间纵剖面测绘图

第九节　百花厅建筑

　　百花厅堂名为"素怀堂"，清代建造，面积 216 平方米，为五间二厢。"百花"之名来由主要是因为梁柱、窗棂、雀替上的木雕均为各种花卉，如兰、菊、牡丹、荷花，等等，寓百花齐放之意。百花厅有 4 个金柱，10 个廊柱，9 对月梁，月梁下有两个牛腿（图 4-89～图 4-101）。

　　百花厅后有瑞徽堂与百步厅相连，前有道丰堂与百狮厅相通。可惜道丰堂毁于战乱，否则从百步厅到百狮厅一路走来都在屋檐下，真正"雨天不打伞，晴天不晒头"。

第十节　百步厅建筑

　　百步厅堂名为"光裕堂"，为孙权第四十五世孙[⑥]孙成章所建造。建造于清代中期。正厅面阔三间，东西为民居，正厅前檐为九间宽的长廊，从东往西约百步，故俗称"百步厅"。长廊是这座厅堂建筑独特的构建形式，气势恢弘。长廊前有面阔九间宽的天井，全为鹅卵石铺就，宽宏大气，所以又称"敞厅"。其后为咸正堂，由于火灾现已坍塌。百步厅 1996 年毁于火灾，2006 年政府出资根据照片恢复重建。百狮厅叫前敞厅，百步厅叫后敞厅。百步厅和其后的咸正堂构成典型的"井"字形结构组合的建筑群，为龙门古镇最大的建筑群。纵横各分三条轴线，百步厅在中轴线上，中间为过厅，后为咸正堂，均分为前后三进，每进都有天井和墙垣相隔，并有小门以供出入，过厅之间有边门相通，道地外筑以围墙，左右龙虎门出入，形成一个封闭式的院落（图 4-102～图 4-109）。

　　百狮厅连同前边讲到过的百步厅、百花厅，俗称"龙门三百"。

图4-89 百花厅厅堂外观

图4-91 百花厅正厅东立面

图4-90 百花厅正厅室内
（王梦雪摄）

图4-92 百花厅厅堂檐廊

图 4-93　百花厅厅堂现场测绘

图 4-95　百花厅正厅檐廊梁架雕刻 1

图 4-96　百花厅正厅檐廊梁架雕刻 2

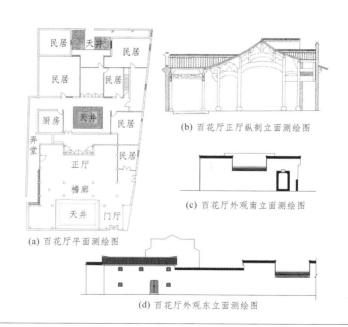

(b) 百花厅正厅纵剖立面测绘图

(c) 百花厅外观南立面测绘图

(a) 百花厅平面测绘图

(d) 百花厅外观东立面测绘图

图 4-94　百花厅测绘图

(吴剑等测绘)

图 4 - 97 百花厅正厅檐廊斗拱装饰详图
（叶洁蕊等测绘）

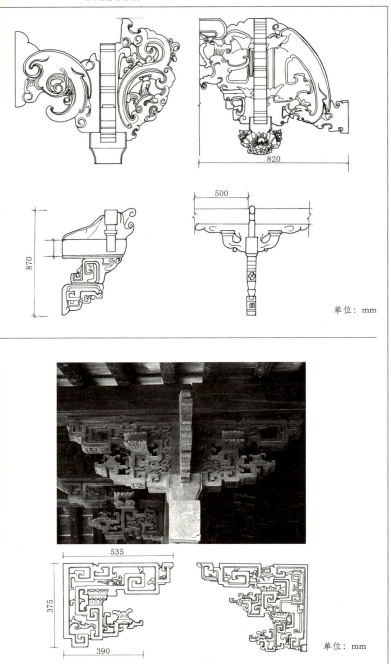

单位：mm

图 4 - 98 百花厅正厅堂檐廊牛腿雕刻实物及详图 1
（胡婉玲、戴焱等测绘）

图 4 - 99　百花厅正厅堂檐廊牛腿雕刻实物及详图 2
（黄一凡等测绘）

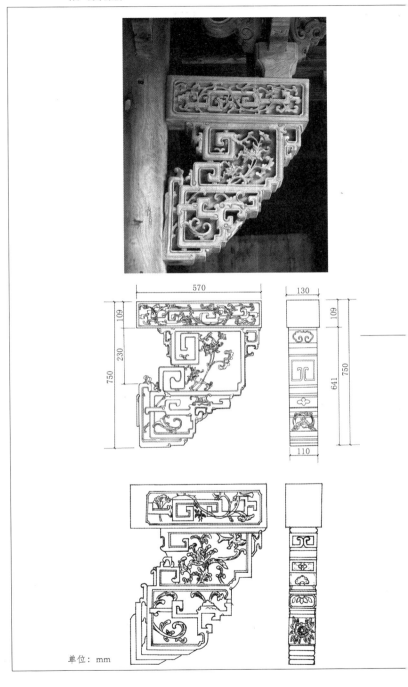

单位：mm

图 4 - 100　百花厅门窗雕花实物及详图
（冯程明等测绘）

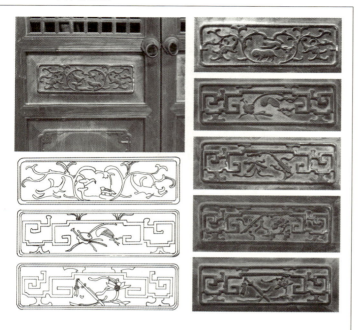

图 4 - 101　百花厅民居厨灶台

图 4 - 102　百步厅入口门厅外景

图 4 - 104　百步厅正厅内景
(王梦雪摄)

图 4 - 103　百步厅正厅及天井

图 4 - 105　百步厅正厅内景梁架

图 4 - 106　百步厅长廊

图 4 - 108　百步厅一进东侧民居入口

单位：mm

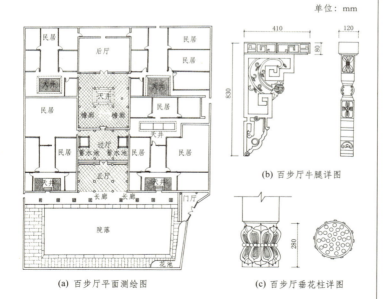

(a) 百步厅平面测绘图

(b) 百步厅牛腿详图

(c) 百步厅垂花柱详图

图 4 - 107　百步厅测绘图
（汤忠直等测绘）

图 4 - 109　百步厅二进天井蓄水池
（王梦雪摄）

第十一节　其他公共建筑

龙门古镇的公共建筑主要有宗祠、牌楼、古塔、古桥。服务于古镇整个宗族或宗族大部分成员的公共建筑，或随时代的变迁，其现有功能使其作为宗族村落统一宗族共同体中的公共精神财富的象征而存在的建筑形式。

一、牌　　楼

龙门古镇以牌楼形式出现的主要是厅堂的入口牌楼门，遇到需纪念的大事或国家的奖赏，龙门多以新建厅堂作为纪念形式，很少单独建造牌坊（楼）。所以龙门古镇有些牌楼（如义门牌楼）开始是作为某房系的厅堂的一部分出现的，但它所代表的荣誉和象征意义为整个宗族所共有，所以我们也把它当作公共建筑的一部分。龙门原牌坊有义门牌楼、工部牌楼、粉署流香牌楼、旧厅牌楼、孙孝子坊。现只剩义门牌楼、工部牌楼和粉署流香牌楼。

（1）义门牌楼。

义门位于龙门古镇中心位置，为褒扬孙潮所建。孙潮，孙权第三十八世孙，人称四十五阿太。他经商有道，家资殷实，为7县首富，人们称他是左脚踏银，右脚踏金，虽家财万贯，但是他粗衣淡饭，乐善好施。孙氏宗谱记载：明嘉靖年间，时遇早年，颗粒无收，民不聊生，孙权第三十八世孙，孙潮，字景祺，不仅代缴全村皇粮，还以千余石积谷救灾，赖以存活者甚众，知县将他的事迹呈报皇上，得到朝廷褒奖，赠义民一匾。嘉靖二十三年建造义门牌楼，富阳县县令奚朴亲笔题写"义门"二字，刻于牌坊正门，背面刻"燕翼"二字（图4-110～图4-115）。

义门牌楼为四柱三间五楼楼式建筑，坐北朝南偏西，通高6米，面宽13.1米，两侧墙呈"八"字形，重檐歇山顶。义门系砖砌门楼，柱础分上下两层，上层为石鼓形，上下饰两周乳钉，下作覆盘式，牌坊上花板正面透雕双狮戏球、背面浮雕云鹤，雕刻精细，造型生动。

图 4 - 110　义门牌楼
（王梦雪摄）

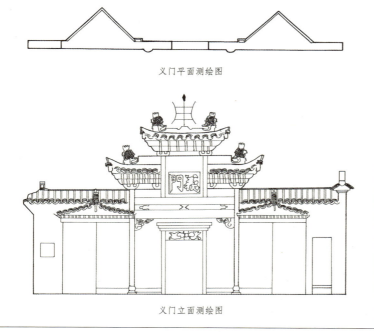

义门平面测绘图

义门立面测绘图

图 4 - 111　义门测绘图
（林洁、沈瑜晴测绘）

图 4 - 112　义门牌楼石雕及详图

图 4 - 113 义门牌楼东边的燕翼堂

图 4 - 115 义门广场民居

图 4 - 114 义门牌楼里的巷弄
（王梦雪摄）

义门牌楼至今保存完好，为砖砌门楼，脊吻、雕刻均精美无损。不失当年豁达豪迈之风貌。原有厅屋毁于明末战乱，仅保留砖砌门楼与部分库房。义门不光是一座有形的建筑，更是一座无形的丰碑，它使"乐善好施""积善行乐"成为镌刻在龙门人心底的操守，使"积善人家庆有余"成为孙氏家族千百年矢志不渝信奉的持家之道。

（2）工部牌楼。

"工部"，即"承恩堂"，"工部"牌楼内部是承恩堂，又称"冬官第"，是明时朝廷六部之一。砖砌门楼建于明代，是孙权第三十九世孙，孙柽，号龙峰，为纪念先祖工部郎中孙坤所建（图4-116～图4-120）。承恩堂是承受皇上恩德的意思。厅屋"承恩堂"毁于太平天国，民国初年重建。门楼用材为砖石，模仿木结构建造而成，表面施以彩绘和雕刻，简洁大气。门楼基础、两侧的柱子均为石材，门台石三面雕刻；上部为砖瓦，顶部鸥吻装饰。

工部为明朝时的六部之一，六部为吏部、户部、礼部、兵部、刑部、工部，也分别叫天官、地官、春官、夏官、秋官、冬官，工部就为冬官，故牌楼上有"冬官第"三字。牌楼门楣上刻有一锭元宝和一支笔。寓意"必定如意"、书中出黄金之意，牌坊内侧上方刻有"龙峰叠翠"。清咸丰年间承恩堂被太平军焚毁，仅残留"工部"牌楼，清末民国初由后裔顺风里孙鼎源为首集资重建（图4-121和图4-122）。

孙坤，又名福远，字景佑，号素庵，是明词乐乙酉科举人。明成祖时，永乐年间为工部都水清吏司主事。负责督造巨舰八十余艘（舰长151米，宽62米，可载千人），不劳死一民工，赴太仓刘家港出长江入海，为伟大的航海家郑和下西洋立下功劳，孙坤被晋升为奉议大夫、工部都水清吏司郎中，但不久因积劳成疾病死官朝。明洪熙年元年（1425年），明仁宗皇帝下旨"褒封三代"。惟和公为不忘先父之德，感念朝廷之恩，获朝廷恩准，于正统十四年（1449年）建造"承恩堂"。

（3）粉署流香。

粉署流香是明代所建门楼，为纪念孙坤的功绩所建。位于龙门溪东侧，陈箴

图 4-116 工部牌楼外景
　　　　(王梦雪摄)

图 4-117 工部牌楼内景

图 4 - 118　工部牌楼及承恩堂测绘图

（柴思婷等测绘）

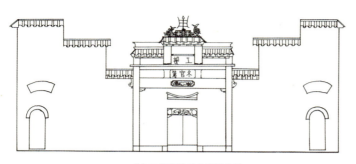

(a) 工部牌楼正立面测绘图

(b) 工部牌楼内立面测绘图

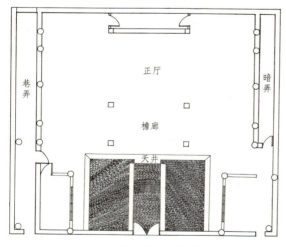

(c) 工部承恩堂平面测绘图

图 4 - 119　工部牌楼装饰测绘详图
(柴思婷等测绘)

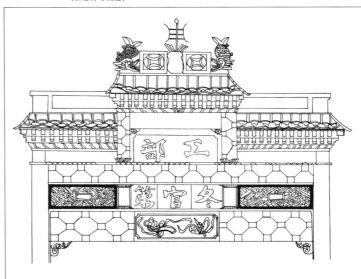

图 4 - 120　工部外景东西两侧边门

图 4 - 121　工部承恩堂内景
(王梦雪摄)

堂附近，为砖雕门楼。门楼的特别之处在于它是用砖雕，模仿木结构建造而成，尤其是顶部的斗拱，并非只是用砖雕刻表面的装饰。内部建筑已毁于火灾，现只剩下门楼和院墙，但粉署流香门楼完好无损，也因其建筑材料和工艺得以留存（图4-123～图4-125）。

"粉署流香"指才干和功绩在国家政治枢纽都留有好印象、传为美谈。粉署：古代的尚书省（相当于现在的政治局），汉朝时尚书省用妇女化妆的白粉粉饰墙面，故粉署为尚书省的代名词。尚书省下辖六部，为六部之首，尚书省的首领为中堂。

同兴塔是一座典型的风水塔，建于清康熙年间。位于龙门镇西1.5公里的石塔山，由龙门孙昌募捐选风水宝地建于康熙十六年（1677年）。宗谱记载："孙孟骞，孙宏高，字孟骞，号春山，生于万历四十六年戊午三月十六日，卒于康熙三十八年，邑廪生选拔贡，后补知县……"又曰同兴塔乃"春山父子之所经营业，而又不欲自居其名号，曰同兴，即无伐无施之意也"。同兴塔高12米，六面七层砖质。塔身造型优美，古朴挺拔，与龙门村遥相呼应，是县级文物保护单位（图4-126）。同兴塔下原有旬留亭，为施茶休憩之所，孙昌募捐建于康熙十六年（1677年），现已经无存。

（4）古桥。

龙门古镇建有数座古桥连接街巷，镇北面剡溪上有万安桥、跃龙桥、万禧桥等；镇东面龙门溪上有太婆桥、三房桥、万庆桥、庆禧桥等，除万庆桥建于明崇祯年间外，其余都为清代所建。古桥多经历了古镇的发展兴衰，几经变迁。

"万庆桥"也叫"石头桥"，为明崇祯年间捐资建造，清代康熙、乾隆、道光三朝均有修葺，桥体上铺横石，旁立栏杆，题其额为"砥柱龙门"（图4-127）。万庆桥连接龙门溪东西两岸，西接老街，为龙门古镇重要交通桥梁。

太婆桥是龙门溪由南向北六座桥的第二座。太婆桥原为龙门溪上一座木桥，清嘉靖年间改为两孔石板桥，新中国成立后，无栏杆的石板桥很不安全，1981年下半年石板桥加阔为水泥桥。太婆桥东溪旁有座四角亭，名叫"枕船亭"，顾名思义是小船停靠休息的地方。亭旁有棵数百年历史、三四个人才围得过来的古樟，构成了一幅"小桥""流水""人家"的美丽画卷（图4-128～图4-129）。

图 4 - 122　工部牌楼细部雕刻

图 4 - 123　粉署留香牌楼

图 4-124　粉署留香牌楼立面测绘图
（柴思婷等测绘）

图 4-126　龙门同兴塔
（孙文喜摄）

图 4-125　粉署留香砖雕细部

图 4 - 127　龙门古镇万庆桥
（王梦雪摄）

图 4 - 128　龙门古镇太婆桥
（王梦雪摄）

图 4 - 129　龙门古镇庆禧桥
（王梦雪摄）

古村落中的古桥承担着村落中重要的交通联系功能，成为村民休闲交流的空间，也记载着古村落的历史变迁，是古村落传统元素中重要的组成部分。

注释

① 另一资料记录为四十六世孙（见《龙门古镇厅堂》，孙文喜，中国文联出版社，2012 年 7 月）。

② 另一资料记录为四十四世孙（见《龙门古镇厅堂》，孙文喜，中国文联出版社，2012 年 7 月）。

③ "补间铺作"一词出现于宋代建筑学著作《营造法式》当中，它其实就是宋代对"柱间斗拱"的称呼，清代开始也称"平身科"。补间铺作是在两柱之间的斗拱，下面接着的是平板枋和额枋，而不是柱子的顶端，因为屋顶的大面积荷载只依靠柱头斗拱来传递是不够的，需要用柱间斗拱将一部分荷载先传递到枋上，然后传递到柱子上。

④ 另一资料记录为四十一世孙（见《龙门古镇厅堂》，孙文喜，中国文联出版社，2012 年 7 月）。

⑤ 另一资料记录为四十七世孙（见《龙门古镇厅堂》，孙文喜，中国文联出版社，2012 年 7 月）。

⑥ 另一资料记录为五十二世孙（见《龙门古镇厅堂》，孙文喜，中国文联出版社，2012 年 7 月）。

第五章 龙门古镇厅堂建筑特色——

廊房相连精雕刻

千百年来，龙门古镇随着孙氏家族的繁衍昌炽，逐渐形成了以"厅堂为中心的厅屋组合院落"。龙门古镇民居的布局、结构、装饰，及文化内涵在中国南方古村落中有着典型的代表意义。总体建筑形式特色基本概括为空间上有大天井、小弄堂、高围墙等元素形成组合式院落；屋顶有硬山顶、人字线、直屋脊等元素；构造有抬梁式、穿斗式两者组合而成；装修风格上有石库门、牛腿柱、花窗版和粉黛色等（图5-1）。

第一节 厅堂组合式院落

龙门古镇建筑总体布局是江南古代宗族聚落形态的典型反映。古镇的建筑格局多为平面展开的组群布局，少有高耸的楼房建筑，采用以厅堂为中心的院落组合。厅堂是龙门古建筑群的骨架、灵魂，如前所述，古镇各房都建有各自的厅堂，本房成员的住宅围绕厅堂为中心而建，四周为家族及子嗣所住，因此形成龙门古镇独特的以厅堂为核心的建筑布局特色。

一、厅堂院落的平面组合特色

整个古镇由众多以厅堂为中心的居住院落组合而成，简称"厅屋组合式院落"。以厅堂为中心，四周围有房屋，外围有围墙，构成一个独立系统的居住单元。这种厅堂组合式院落，在具体的形式上可以分为"井"字形和"回"字形两种。"井"字形平面的厅堂一般建造年代较早，由于当时村落人口相对较少，住宅用地疏松，所以宅基地占地规模较大，院落较开敞，建筑装修、装饰简洁，少有木雕，枋、梁多为原木，不刷油漆。

"井"字形平面以咸正堂和光裕堂组合为例，前有光裕堂，次为天井，最后为咸正堂组成一个建筑单元。这组建筑群，纵横各分三条轴线：中轴线是安排供香火的厅堂，如咸正堂、光裕堂。同时有门屋、天井、过厅、长廊相间，在中轴线的左右两侧，又各有一条纵轴线与中纵轴线平行。三条纵轴线上的建筑，分成前后两进，结构对称。每进复以天井和墙垣相隔，但都设有小门，前后互通出入，左右纵轴线上的前进与后进，与中轴线上的过厅、廊檐又有边门相通。在左右的三条纵轴线的前沿建有面阔九间的长廊，把三条纵轴线上的建筑连接为一个整体，长廊前是道地（卵石铺成）。从横的方向看每一进都可独立成为一条轴线，并与三条纵轴线交叉，全部建筑的外面围以高墙，形成一个封闭的院落（图 5-2 和图 5-3）。

"回"字形平面组合以余荫堂为例，中间为本房族的支祠，以祠堂为中心，四边环以本房成员的住宅，再筑高墙，构成一个院落，形式上较"井"字形平面简单（图 5-4）。

成正堂与光裕堂以及整个智七公房下的建筑群，是智七公房下新兴富户的象征。道丰堂毁于战乱，光裕堂近年又毁于火患，将整座建筑群隔离，但从废墟中仍能窥见整个建筑的全貌。这时的民居形式还不是很封闭，人与自然、人与人的关系还比较密切。清后期，由于人口增长迅速，新建厅堂院落增多，村中宅基地紧

图 5-1　龙门古镇建筑特色汇总

空间	梁架	建造	装饰
大天井	抬梁式	马头墙	石库门
小弄堂	穿斗式	直屋脊	牛腿柱
高围墙	组合式	人字坡	窗花板

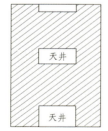

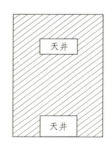

图 5-2　"井"字形厅堂院落形式

图 5 - 3　封闭的院落

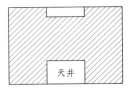

图 5 - 4　"回"字形厅堂院落形式

张，"回"字形院落增加。

龙门古镇的厅堂布局，具有江南民居几个共同的特点：中轴对称，布局均衡，以内院（天井）为中心组织院落，以通廊厅堂贯穿全宅。所谓纵向轴线对称就是在一条轴线上，布置一系列重要的建筑主体，并左右对称地均匀布置其他附属用房和院落，这种中轴对称的民居布置方式是传统江南民居的一个明显特征。由于檐廊与厅堂既可遮阳避雨，又具有良好的通风条件，更方便了人们在恶劣天气下在住宅中穿行，因此龙门古镇的厅堂一般都使用宽敞的檐廊和厅堂相连接，在许多民居中檐廊甚至贯穿全宅，如思源堂、孙氏宗祠、明哲堂、百花厅等。

二、厅堂院落与天井

无论是采用"井"字形，还是"回"字形布局，都在居住的范围内有不同形式的庭院空间：院落或者天井，它们都能为人们提供与自然沟通的平台。院不仅仅是各种建筑空间的联系空间，更为各建筑单体提供了良好的通风、日照、遮阳、捧水等功能。另外，龙门古镇地处江南，远离政治中心，后人不乏文人墨客，在建筑空间中自然也表现出与众不同，通常在围合与隔断的要素上有较高的艺术品位。或有寄情于山水，营造"山水林泉之乐"，使得庭院空间变得丰富（图5-5）。

龙门古镇厅堂建筑有些是高墙深院。比如山乐堂、余荫堂，其做法是用极高大的实墙体，形成极富个性化的墙面，既隔断院内外的人流交流，也切断了院内外的视线联系，同时放大和强化了建筑的宏伟与端庄的效果，有些民居即使在宅院内部的空间分隔上，仍然采用高围墙来进行分隔，用以营造一种私密性很强的宁静空间，同时也是确保宅第的安全（图5-6）。

庭院与天井是江南传统民居的特点之一，它们是室内和建筑外更广的空间的过渡空间，庭院与天井作为中介空间，由于室内外空间的延续性，为自然环境的引入提供了良好途径，打破建筑与自然的对立，获得了人与自然的共同发展。正是在这种追求生存环境、天人合一的观点的影响下，传统民居才会出现庭院、天井等空间。在建筑的庭院、天井等空间中种植些花木，点缀些石景，引入自然、再造

图 5-5　明哲堂从正厅看天井及门厅
（王梦雪摄）

图 5-6　龙门古镇某宅院空间组合实例
（王梦雪摄）

自然，形成小景观，以便使空间具有美感。

天井的作用，从风水的角度来看，是为了"养气"，从建筑功能来看是为了采光和提供共享空间。传统的观念认为：天井是藏蓄之所，是财禄的象征。融"四水归堂"于天井，有言曰："天井乃一宅之要，财源攸关，要端方平正，不可深陷落糟，大厅两边有异，二墙门常关，以养气也。凡富贵明堂自然均齐方正，有一种阴阳交媾之美。"这里要求天井所以被看作是财禄的象征，以养生气，体现阴阳交合之美。天井之所以被看作是财禄的象征，还因为它是排水之所。天井在向外排水时，不是直泄而去的而是屈曲绕行的，以表明家财聚而不散去。

第二节　厅堂的建造特色

龙门古镇的厅堂建筑基本是明清时的徽派建筑，采用木结构，大门均为石砌的门楼，并与石墙相连，整座门楼是精雕细琢，上面以大字列示府名，厅堂并不以"某某府"命名，而是以"工部""冬官第""粉署流香""山乐堂""耕读世家"等厅堂以官位或取其寓意而命名。

龙门民居总体面貌是平房楼房相掺，山墙各式各样，形成老街和小巷纵横交错，高低起伏，错落有致的景观，建筑造型轻巧简洁，虚实有致，色彩淡雅，因地制宜，临溪近水，轮廓线条富有美感。因此，可基本概括为"粉墙黛瓦马头墙""小桥流水人家"。

一、整体建筑空间

古镇厅堂民居建筑是依照自然环境、历史文化及民间的传统建筑艺术，根据不同的经济条件，从不同的生活和生产需要出发，因地制宜，就地取材地修建起来的。

充分考虑气候条件形成建筑特色。由于古镇地处浙江东部，属亚热带气候，风向全年以北风和西北风频率虽高，春夏季多东南风，秋冬季多西北风，温暖湿润，夏季长而热，春秋短而冬季较冷，四季分明，山地气候明显。山下为龙门小盆地，四面皆山。冬季多考虑日照，因此房屋多面向南向或东南向，暴雨季节有洪水，当在龙门溪地带临水布置民居建筑时均考虑了水位的变化。在这样暖季长，没有严重寒冷的气候条件下，民居建筑主要是夏季气候条件考虑较多，因此，室内外空间连通，开窗开口很大，并且大多数厅房或堂屋的装修都是可以拆卸的，经常做敞口厅使用，厨房、杂屋等也常做成没有装修的敞篷。由于雨量比较充沛，且多集中于5—6月梅雨期，在梅雨季节，往往会有一个月左右的连绵阴雨。为了防止漏雨，房屋做成坡顶、坡度为30°左右，房屋的出檐也做得较深远，在楼房分层处设腰檐，围墙、封火墙的上部也做瓦顶，以保护墙面减少雨水的侵蚀，延长使用年限。在山墙面或没有腰檐的墙面上开门窗时，多加雨坡，以便在雨天也可以打开门窗。在空气湿度大的环境下，地面很潮湿，不宜存放物品，在住宅中必须放置木架子或阁楼存放日用物件。为了防止木桩受潮腐朽，将柱子和墙隔开一段距离，这段空间常常用来加设搁板存储东西。

　　总之由于气候湿热，古镇民居建筑多为大进深，小面宽的矩形平面，房屋进深大，坡屋顶出檐远，较多的采用阁楼、敞厅、天井，以及装有灵活拆装的间壁，构成开敞通透的平面布局。民居中的天井较好地解决了湿热地区通风、采光和屋面捧水等问题，还有的通过内天井设置水池和绿化来调节小气候。

二、梁架结构分析

　　龙门古镇厅堂建筑的主要结构体系延续了我国传统的木构架系统，也是由抬梁式构架和穿斗式构架组合而成，在龙门很少看到利用一种构架来完成整个建筑的结构体系。这是因为抬梁式构架与穿斗式构架各自具有不同的特点与不足，组合运用可以使其各自特点得以互补，从而更好地满足民居功能中对结构的要求。在木构架系统中，各种工艺和做法其最终的目的是首先满足建筑的功能，由功能来决定结构的工艺。抬梁式是梁柱支撑体系，在江南民居惯用的内四届构架中，利用五架梁、金柱、三架梁、脊柱来传力。其最主要的目的就是要最大限度地增加室内的空间，所以在绝大多数的厅堂明间中间四个金柱上都采用抬梁式构架。而抬梁式构架最大的缺点是对材料的要求非常高，它必须具有足够大的断面尺寸，才能承受屋面的荷载，加上抬梁式往往被用在厅堂上，自然被附上许多装饰性的内容就很自然，其做法的变化也就相对更多。穿斗式则是通过柱的直接传力，来达到支撑桁条的目的，其优点是用尽可能小的木料来取得同样的支撑作用，而又有较突出的稳定性，它最大的特点就是具有很强的经济性。但是穿斗式构架是以增加立柱，失去室内较大空间为代价的，龙门厅堂两侧靠墙位置大多数都采用穿斗式（图 5-7 和图 5-8）。

对于一般的民居来说，强调建筑经济性比装饰性要重要得多，龙门厅堂中穿斗式的构架所占的比重大得多。绝大多数民居采用穿斗式是由于该构架在造材上的经济性与施工上的灵活性，这大大便于房屋可适应不同的空间组合、不同的地理环境和不同的外观造型。对于那些地处十分狭杂空间中的民居，只有通透结构上的变化才能获得生活起居功能的需要。因此，扬长避短，合理巧妙地选用木构架形式，是龙门厅堂建筑的又一特点。

三、其 他 建 筑 要 素

柱础是传统木结构上的承重构件，主要承托木柱，除了力学结构功能外，还兼有防腐、防潮的作用。因为龙门古镇地处江南亚热带和暖温带的过渡区，雨量丰富，地理环境又处水网地带，土壤含水率高，空气潮湿。为使落地屋柱不使潮湿腐烂，在柱脚上添上一块石墩，就使柱脚与地坪隔离，起到绝对的防潮作用；同时，又加强柱基的承压力。因此，江南民居中对础石的使用均十分重视。柱础的高度矮的有 20 厘米，高的可达 55 厘米。

龙门古镇厅堂建筑的屋顶曲线弧度优美，弧线的屋面，由此而产生反曲向上翘起的檐边和檐角。建筑物四角飞檐翘起，直立欲飘，能够显示出建筑物的轻盈与生机，这是江南传统建筑秀丽与灵气的体现。它打破了由规整的构造而带来的呆板感觉，直线的主体和系列曲线的构件就此而形成有趣的对比，孙氏宗祠、百花

图 5－7　旧厅正厅穿斗式梁架

图 5－8　余荫堂梁架——抬梁与穿斗式结合

厅、百狮厅、世德堂等厅堂建筑的正厅檐廊则采用弧形曲线天花板，符合中国传统的美学观念，显露出刚中带柔，柔中有刚的气质（图5-9～图5-12）。

门窗在传统建筑中，其涵义并不十分明确，将内宅的门说成落地长窗是江南地区的共性①。因而就有了长窗、短窗之分，再加上其他的半窗，横风窗和合窗等，窗的形式与种类十分丰富，以长、短窗在民居中的使用最为普遍。凡在内宅中需要作为通道的门户，无论是厅堂还是其他什么功能的堂屋，一般均设六扇长窗，设四扇或者八扇的较少，一般不用奇数。而在需要隔断的位置，便常常出现半窗或是台窗。江南民居中的窗极富装饰性，加之所处的位置较明显，所以它常常满足人的兴趣爱好、社会地位以及财力、官品的象征。

第三节　厅堂民居的装饰特征

龙门古镇传统的厅堂式建筑分明代、清代和民国几个时期。

明代建筑结构粗犷、结实，卷杀明显，雕饰简单，而且柱础多为两重，上为石鼓，饰以两圈乳钉，下为覆盆，以直棱窗、三花拱、木柱础为特色部件，天井为卵石铺成，代表建筑有旧厅、孝友堂、明哲堂、世德堂、耕读堂等。

清代建筑比之于明代建筑则多重装饰，显得更加精细、美观，雀替都加木雕，窗棂不再是简单的直棱窗或品字格窗，而采用斗格花窗，到了晚清窗户上还嵌有玻璃，天井都用石板扣成，代表建筑有余庆堂、慎修堂、诚德堂、素怀堂等。

民国建筑一般为两层，规模较明清厅堂要小些，雕刻在继承清代精雕细刻的基础上，既繁复又实用，同时开始使用油漆，大门都为石库门，代表建筑有山乐堂、世德堂、居易堂等。

装饰是附加于构件上的一种艺术处理，它依附于建筑实体，如建筑构件上的雕饰、屋面脊饰、外檐装饰、入门入口装饰、山墙墙面雕饰等。龙门古镇的建筑装饰多以各房财力而定，俭奢由己，并无特定的模式。与许多江南民居的装饰一样，龙门古镇的装饰多出现在厅堂的梁架、斗拱或檐枋的挂落、雀替以及门窗隔扇、

图 5 - 9　世德堂附近街民居马头墙样式

图 5 - 10　民居屋顶样式
（王梦雪摄）

图 5 - 11　百花厅正厅堂檐廊顶棚曲线

图 5 - 12　孙氏宗祠正厅檐廊天花曲线

山墙（马头墙）等部位。这些地方位置突出，光线明亮，便于观赏，表现出很强的装饰效果，同时，这些厅堂都位于院落中轴线上，建筑本身在厅堂组合式院落又有着重要的地位，象征着一个房族的兴旺发达程度，所以它们装饰的优劣，也直接影响着整座院落的形象。

装饰装修是艺术表现的重要手段之一，其特征充分利用材料的质感和工艺特点进行艺术加工，同时，恰当地选择传统的绘画、雕刻、书法、图案、色彩、纹样等多种艺术的特点，相互结合，灵活运用，达到了建筑性格和美感的协调和统一。除此之外，装饰还具有意匠特征，充分运用传统的象征、寓意和祈望的手法将民族的哲理、伦理等思想和审美意识结合起来。

一、木　　雕

中国传统民居中，木雕是被广泛采用的装饰手段，无论南方还是北方民居，木雕都以其精美的刻工和深刻的文化内涵成为民居装饰中不可缺少的重要组成部分。龙门古镇的木雕主要表现在月梁头的雕刻纹样、斗拱雕花、屏门隔扇、窗扇和窗下挂板、楼层栏杆栏板等。

龙门古镇厅堂内木质门窗的做法是将其分为三部分，上部称格心。它是由线条状的小条组合形式各异的花纹，常见的有回纹、冰裂纹、万字纹等。每一种花纹都有特定的寓意，除了装饰的功能以外它还有透光的功能。门窗的中间设夹堂板，也称腰板，该位置通常是长窗装饰上的重点，纹饰的内容丰富，题材颇多，有如意、花卉、静物等，更多的是江南地方戏曲中的人物故事，在表现形式和雕刻手法上，大多采用深雕或者透雕，纹饰生动精美（图 5-13）。门窗下部分的裙板，由于位置的关系，装饰一般都并不强调，相对比较朴素简洁。作为下半部分的辅助装饰，它大多采用浅浮雕甚至素面。

龙门古镇木雕雕刻的内容有人物、山水、八宝、花鸟、民间传说、神话传说、戏剧等，木雕的题材和内容鲜明地反映了龙门古镇宗族共同体受宗法制度、儒家传统道德观念影响下的思维模式。概括起来，大致有以下六种类型。

（1）反映忠孝节义的传统道德观念的。如山乐堂厅堂门窗棱边上所刻的"二十四孝""三国故事"等（图5-14）。

（2）训诂高洁的传教意向。如山乐堂门窗上的"渔樵耕读"（图5-15）。

（3）建筑本身的装饰美考虑。主要表现形式有花、草、虫、鱼等内容（图5-16）。

（4）反映寻求福寿康宁的求安观念。如百狮厅的厅堂牛腿、廊下所雕刻的"百狮"（图4-82和图4-83），即为取其吉祥如意之意（图5-17）。

（5）避邪镇灾之意。如山乐堂厅堂两侧牛腿所雕的"秦琼""尉迟敬德"就相当于门神的寓意（图5-18）。

（6）追求清高雅逸的情趣。如"琴""棋""书""画"等雕刻（图5-19）。

雕刻手法随主题而变，主要有浅浮雕、镂空雕、复合叠加等手法。龙门古镇的木雕题材来讲都有一定寓意，经过长期的使用，逐渐被人们熟悉和接受。这种表达含义的方式主要是谐音、隐喻、比拟、联想等手法，它们分别寄托着农业社会乡民的理想和感情及价值取向，反映着他们对生活的热爱和憧憬，包含着封建社会里的文化心理和价值观。

二、石雕、砖雕

石雕、砖雕主要表现在宗祠、牌坊、塔、桥、石碑和民居庭院、门额、栏杆、水池、花台、漏窗、照壁、天井四周、柱础、抱鼓石、石狮等。龙门古镇的砖石雕刻与木雕艺术相得益彰，共同组成了民居艺术的精华。龙门古镇石雕现存规模并不是很大，主要表现为浅浮雕、高浮雕。

（1）门饰。

江南传统民居中，门的式样很多。而墙式门在民居中用得最为普遍，且无论是用作大门朝外，还是作为宅内的隔断，墙门比起其他门用处更为广泛。墙门分为清水作或混水作，清水作无论是门前沿的跶头、墙身或是门上方的门罩、匾联等均用特制的砖料在进行刨平雕刻后装饰而成，其工艺之精细秀丽，是江南民居的

图 5－14　山乐堂窗中部夹堂板雕花 1

图 5－13　民居窗棂样式

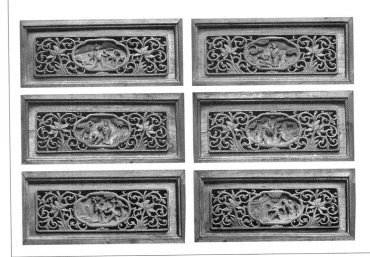

图 5－15　山乐堂窗中部夹堂板雕花 2

图 5－16　山乐堂窗中部夹堂板雕花 3

图 5－17　龙门古镇民居牛腿雕刻

图 5－18　山乐堂牛腿雕刻——似
　　　　　门神"秦琼"和"尉迟
　　　　　敬德"形象

一大特色。而混水作则是采用较低档的材料塑型而成。墙门中档次最高的当属用于内宅的砖雕门楼，它比起普通的墙门，无论从选材、图案设计，还是制作工艺上都要华丽、精细得多，特别是砖雕门额上的题款，更是主人思想、文化、追求的真实写照（图5-20～图5-23）。

（2）山墙装饰。

龙门古镇厅堂屋面上起伏变化的封火山墙，丰富了江南民居的天际线，形成轮廓剪影的韵律。山墙也称为马头墙，因其如水乡层层跌落的石阶码头，叫"码头墙"（图5-24），取码头谐音，可能有"以水镇火"的祈祷成分。马头墙是由建筑的两侧山墙高出尾面，在其上部做起脊瓦顶，并随屋面的高低砌筑成中间高两侧低屏风状的墙体[2]。江南传统民居上的山墙，其形式包括独山山墙、三山山墙、五山山墙、观音兜等（图5-25），并可根据屋面前后的不同，做成对称形或不对称形。封火山墙，顾名思义，其高于屋面的作用，就是在火灾时截断左邻右舍间的火势蔓延，以断火路，同时砖墙也阻断毗连建筑木构件之间的火情传递。山墙装饰效果的凸显，形式越加丰富多彩，到后期其装饰效果应往往大于防火功效。随着封火山墙装饰性的增强，也给本来不作处理的山墙带来了一种新的变化。

龙门古镇厅堂外墙可分实砌和空斗两种，或下为实上为空的混合式。墙基常用条石，石灰粉刷，当用作装饰性墙面时，就用清水磨砖贴面，既简朴又表现出主人的殷实。内墙以木材为主，山柱子、窗和门组成墙身（图5-26和图5-27）。

屋顶与山墙屋顶铺青瓦，人字形坡屋顶成向内微曲的屋面，有利于屋面排水，直屋脊花样变化不是很多，一般只用瓦竖砌，两头和中间做简单纹饰。

（3）柱础。

龙门古镇的柱础是最能显示建筑等级与房系经济实力的地方了。龙门古镇的柱础装饰较为简单，主要分单层柱础和双层柱础，单层式，做成圆鼓形，直接与地面接触，双层结构的组合式，由底座、腰身和顶部组成，底座常做四边形居多，或做成覆莲、仰莲形状，具有宋元时期的遗风；顶部多以扁鼓形，鼓身上下常雕有一圈或二圈钉鼓皮的圆钉，装饰效果极强。其中再有装饰上的差别，双层柱础从

图 5 - 19 百步厅牛腿详图——琴棋书画

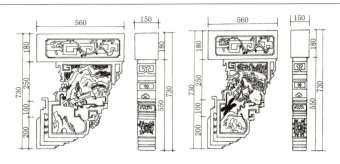

单位：mm

图 5 - 20 世德堂门楼

图 5 - 21 粉署留香对面民居门楼

图 5-23　工部门楼石台雕刻

图 5-22　龙门古镇厅堂民居门环装饰

图 5-24　龙门古镇砚池边建筑马头墙样式

图 5－25　山乐堂与余荫堂马头墙样式

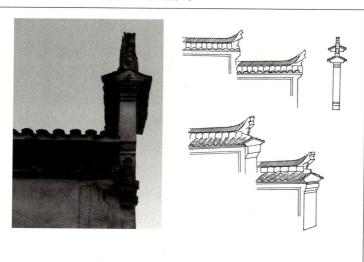

图 5－27　龙门古镇厅堂门楼墙垛
　　　　　样式

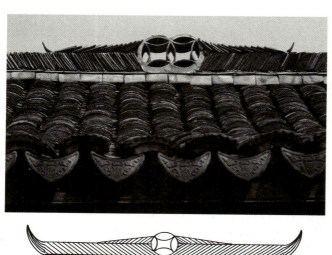

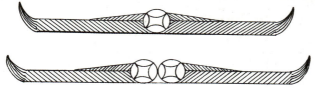

图 5－26　屋顶装饰样式实物及详图

型制上高于单层，有装饰的高于无装饰的（图 5-28）。

（4）抱鼓石。

抱鼓石在龙门古镇只出现在宗祠门口，如孙氏宗祠前的抱鼓石，由于这些建筑型制等级较高，故抱鼓石石雕一般较精致（图 5-29 和图 5-30）。

（5）其他。

院宅内露天的地面（如天井）用石板条铺、块铺、裂纹石块或鹅卵石铺砌，也有用砖铺。江南多雨，地下水位浅，室内易潮湿，一般先用石灰夯实，其上铺砂，砂上铺砖，以避潮气，居室的房内则用木地板（图 5-31 和图 5-32）。

除了上述的装饰构建外，厅堂牌楼左右的照壁也是装饰的重点部位，一般为砖缝拼接而成的图案。还有旗杆、栏杆、石狮等。

三、匾　额

富阳龙门古镇，至今仍保留着宋、明、清直至近现代的匾额 108 块。匾额是古建筑中非常重要的组成部分，它就相当于是古建筑的眼睛，门额题刻形式主要是木雕和砖雕，民居建筑中以砖雕居多。内容多是标榜门户、族训、家风、孝道、仁义道德、慈爱睦族、清正廉洁、祈望幸福等优良德行方面的传承与延续。如"义门""耕读世家""世德堂""粉署流香""工部"等。有不少楹联、匾额蕴涵着丰富的文化，有许多传说、典故。

（1）式榖（地点：庆锡堂东）。

式榖意为：任用好人。《诗·小雅·小明》："神之听之，式榖以女（汝）。"式：用；榖：善，本意为木名，即构或楮，树皮可以造纸。

（2）攸芋（地点：庆锡堂西）。

攸芋意为：像芋芀一样有生命力，比喻安居乐业、子孙生生不息。攸：住所，《易·坤》："君子有攸住"（图 5-33）。

（3）奠厥攸居（地点：百狮厅）。

奠厥攸居即在此地定居的意思。奠：定，《书·禹贡》："奠高山大川"；厥：其，

图 5-28　龙门古镇厅堂柱础样式

孙氏宗祠柱础

孙氏宗祠柱础

承恩堂柱础

图 5-29　孙氏宗祠大门石鼓正面
　　　　与侧面

图 5-30　余荫堂大门石鼓实物及测绘图

图 5 - 32　明哲堂室内木地板

图 5 - 31　地面鹅卵石拼花

图 5 - 33　攸芋匾额

见《书·禹贡》；攸：所；居：居住地（图 5-34）。

（4）衔华佩实（地点：居易堂）。

叼着花、带着果实，即在此开花结果，也有秀外慧中、名实相符之意（图 5-35）。

（5）亭大成裕（地点：世德堂）。

亭：养，育，《老子》："养之育之，亭之毒之"。意为从小培育、点滴积累成就大器（图 5-36）。

（6）嘉业用光安和康乐，芳猷所立德惠福祥（地点：世德堂）。

意为：美好的事业要想发扬光大需要安和康乐，宏大的谋略能够成功依靠德惠福祥。用：以。该楹联由蒲华撰并书。蒲华（1832—1911 年），字作英，原名成，初字竹英，秀水（今浙江嘉兴市）人。别号胥山野史、种竹道人。与吴昌硕齐名，颇有才气，有"尺幅尺璧、寸字寸金"之评价。

（7）燕翼（地点：燕翼堂，原在粉署流香）。

燕：安；翼：敬。《诗经》："诒厥孙谋，以此燕翼"。诒：同贻，送、传。孙：子孙。谋：计谋。东汉蔡邕："笃垂余庆，燕翼孙谋。"指踏实做好事是传给子孙平安吉祥的最好计谋。一般的理解为翼蔽之意，即在祖先的翼蔽下幸福生活（图 5-37）。

（8）兰署金梯（地点：庆锡堂旁）。

兰署：同粉署。指通往功成名就的途径。此处原为书房。

匾额一般挂在门上方、屋檐下，反映建筑物名称和性质，也是人们在义理、情感等方面的表达。匾额是中华民族独特的民俗文化精品，它将辞赋诗文、书法篆刻、建筑艺术融为一体，集字、印、雕、色的大成，以其凝练的诗文、精湛的书法、深远的寓意、指点江山，评述人物，成为中华文化园地中的一朵奇葩。人们把它们看作是天地赖以永存、社会生活赖以维持和延续生命有关的原则，由此形成中华民族特别注重传统的价值观念。

古镇的老街上"居易堂"的牌匾"妊姒遗风"，还有一个很美好的故事：清朝时期，有对姑嫂，年轻的时候各自的丈夫就去世了，她俩就居住在一起，相互扶持着走过了很多的春秋，县令为了褒奖她们勤俭持家，相互扶持的美德，在她们

90 大寿的时候送了一块"妊姒遗风"的牌匾。

四、建筑材质与色彩

建筑的色彩很大程度是由材料本身带来的。就地取材是龙门建筑用材的特色。

龙门山水溪流众多，有丰富的地方建材资源，如木材、毛竹、石料、砖瓦等（图 5-38），从铺路用材，结构用材到建筑装修用料大多取自于山涧溪流，几乎都是就地取材。有的地区大量开采石板、石块，用于建筑室内或厅堂内地面的铺设。由于龙门竹木产量丰富，民居建造不仅以砖木结构，还用硬木做精细室内木雕装修，在墙头、入口门窗檐部用砖雕、石雕进行重点装饰，渐渐在历史的积累中，成为江南地域建筑艺术中久负盛名的"三雕"。

砖瓦、石头、木材等本来就有各自的原色。龙门古镇地处江南水乡，气候温暖湿润，建筑以灰白色的天空、黑灰色的地面、苍翠艳丽的花木、浅绿的河水为背景，组成了淡雅宁静的灰色和白色的基本色调，通常用"粉墙黛瓦"来形容，建筑房屋的外部涂白色粉墙，用灰黑色的板瓦盖顶，门窗的框筒及花窗亦多以青灰色的砖细做成，房屋内部的木椽上也使用灰白色的望砖，下铺灰黑色的方砖，梁、枋、檩、柱、门、窗略分深浅地漆成棕色。龙门民居中隔扇、地罩常用木色揩漆或用楠木色，偶尔也用深褐色的广漆，挂落和栏杆用绛红色，从而互相呼应，统一调和（图 5-39 和图 5-40）。

图 5 - 34 百狮厅奠厥攸居匾额

图 5 - 35 衔华佩实匾额

图 5-36　世德堂匾额

图 5-37　燕翼堂匾额

图 5 - 38 世德堂墙皮材质

图 5 - 40 龙门民居样式和色彩

图 5 - 39 老街民居斑驳的墙体

注释
① 顾晶．解析新江南风格——江南传统民居建筑意象在现代建筑中的传承与发展．江南大学硕士论文。
② 章大为．无锡传统民居的现状与特色［J］．第13届民居传统会议暨无锡传统建筑发展学术研讨会。

第六章 龙门古镇厅堂建筑文化——厅堂物语话乡情

　　龙门厅堂古建筑是龙门人民生产、生活、发展和历史变迁的见证和反映之一，与宗祠、牌楼、古塔、古桥这些公共建筑一起，承载着孙氏宗族的组织形式，体现出龙门古镇人们的自然观、地域特点、家族制度等。傍溪而筑、滨溪而居的独特山水田园风貌，传承千年不中断的皇族后裔聚居地，承载延续的突出文化价值是中国古代宗族社会的典型代表，传承江南宗族文化的活化石。

第一节　传统宗族文化

　　龙门古镇建筑的总体布局，是江南古代宗族聚落形态的典型反映。整个古镇由众多以厅堂为中心居住院落组合而成。一座厅堂是一房或一支的祠堂，以它为主体，环以住宅，围以高墙，成为龙门孙氏宗族下一房一支的集居点。这样的建筑格式正是宗族文化在建筑上的绝佳体现，厅堂之上为整个支族商议族事、举办宴席、祭拜祖先等的场所，不能住人，以前也不能随便堆放物件，其实就起到宗祠之下支祠的作用，《龙门孙氏家谱》载："孙氏千年有余家，各房聚处皆有厅以供阖房之香火。"人们对祖宗的宗祠更加信仰，其对后代的庇佑以及其权威的尊严。

一、传统的宗族文化

人们在聚族而居、各家各灶的"家"的基础上，通过"立宗收族"的手段组成。一种是官僚地主或有势力的地主自立为宗，向上追溯共同的始祖，向下以自己的宗族收族，建立新的宗族组织；另一种是在原有血缘系统的基础上，按照宋以来新的宗族组织原则，通过择立族长等手段，进行宗族组织的新的整合；还有一种是非人为组织，却在宗族式官僚地主家周围自然形成。

宗族的基本结构由祠堂、族长、房族、庙宇等内容等组成。宗族比家族人口多、血缘关系类复，于是便形成了族-房-户，族-支-房-户等组织构成。费孝通先生言："人类的幼年需要依赖成人的保护和供养的时间特别长，这是形成家庭的一个主要因素，家庭就是为了保障孩子得到保护和供养而造下的文化设备[①]。"在生产力极低和社会保护不那么有效的状态下，单个家庭往往力不从心，难以胜任，所以家庭的联合——家族，乃至宗族无疑可以构成更有实力的群体，它能够提供更可靠的保护。

这种文化现象直至 20 世纪初由于政治经济等方面的因素基本没有发生根本的变革，它在不同的领域内支配着政治、经济、文化、宗教、道德教育、社会习俗等的发展。同一宗族形成的血缘关系的存在成了宗族村落赖以存在的基础，而它所投射出的地缘关系使得他们有了共同的生活和生产基地，血缘性代表着其生物学特征，地缘的聚居性则表明了其地理学特征；血缘关系为群体提供了无形的连带，地缘关系为群体提供了有形的连带。

农村自然社区，就是人们长期以来的"物"和"人"在生产中自然形成的村落、村落与村落的联合体，生活其中的人民具有共同的生产、生活方式及乡土意识（传统文化、风俗、归属感等）的区域性社会。中国的村落分为不同的、形态各异的村落，村民的生活主要在自己的村落中展开，宗族生活也以村落为基地。血缘关系和亲属关系在村落基地上连接起来，并从这里辐射出去，村落宗族共同体中切不断的就是血缘关系，血缘性是村落宗族文化的第一特性。

在自给自足的农耕社会里，宗族文化很大程度上是古代原始群体制度的积蓄，所以可以说是一种"原始遗存"。其血缘性、聚居性、农耕性、自给性、礼俗性等与原始社会群体的生活是非常近似的，而原始群体基本上是血缘群体。文明发生之始，人类征服自然的能力十分低下，自然地理环境对于村落结构的形成起着举足轻重的作用。

二、聚族而居的特征

聚族而居是宗族乡村的重要特征，也是中国宗族社会居住形态的基本特征，"族者，凑业，聚也。谓恩爱相流凑也。上凑高族，下至玄孙。一家有吉，百家聚之，合而为亲。生相亲爱，死相哀痛。有会聚之道，故谓之族。""宗者，尊业，为先祖主者，宗人之所尊也。"（《白虎通》班固）聚族而居的同姓村落或地域，有的是土著旧族在原聚居地，历经沧桑、兴衰发展而来；有的是举族迁徙，在迁徙地不断发展而成；也有的是一个始迁祖在迁移地经过自然繁衍，不断裂变而成。

人类居住由两方面的含义：一方面是个体和家庭的居住；另一方面就是区域人群的居住。前者主要是民居的个体，体现民居建造的文化，内涵比较单一。后者则注重于民居的群体，外延更为广泛些。宗族统治是我国古村落的一个显著特点，它包括两层关系：宗族成员天然出生在一定的血缘关系中，它是村落形成的最基本的人际关系要素，组成了血缘群体；有一族人习惯居住在相对封闭的一块地域，构成地缘关系，形成地缘群体。血缘群体和地缘群体构成了自给自足的生活单元，使村落与城镇、村落与村落之间产生明显的差别。在这种村落结构里，一座村落就是一个宗法共同体，宗族管理着一切，维护着社会生活的秩序。它主持祭祀，负责伦理教化，兴办教育和公益事业，操持年时节下的公共娱乐，保护自然环境，规划村落建设，等等。

龙门孙氏定居于此已有千余年的历史，随着孙氏族系的不断发展、繁衍昌盛，宗祠作为祭祀祖先，举行重要典礼，宣布重要决定的中心，成了礼制最实用、最有力的表征物。各房族的厅堂围绕宗祠而建，表现出村落物质形态上的向心力。而对于一个家庭来讲厅堂就是家族的权力中心，厅堂作为整个房族核心所表现出的内聚力形成了龙门古村落由众多厅堂组合式院落组成独特的、多核心的组织形式，而宗祠正是这些核心的向心点。平时家庭内部的一般事务和主要决定都是从厅堂处理并下达的，龙门古村落中典型厅堂组合院落的建筑形式正是宗族思想的体现。后人在重修或修建房屋时，往往会考虑旧的建筑制度，以维持原有建筑形式以达到悠扬古风的目的。所以厅堂作为"小宗祠"的功能和组织形式便被沿用了下来，并一直被龙门古镇世世代代的子孙所信奉和拥戴着。

传统的厅堂组合式院落则是宗法文化的具体实现形式，对一家一户来讲，家庭秩序与宗族发展息息相关，家庭的发展维系正是宗族发展的具体化。总的来说，龙门古镇传统的建筑形式反映了宗法制度下，人与自然、人与人间关系，并且由于地方民俗的差异而具有鲜明的地域特征。

第二节　龙门厅堂物语

龙门古镇秀丽的自然风光，绮丽的山水景观，悠久的人文历史，深厚的文化积淀，帝裔族人在此繁衍生息，古往今来无数文人墨客，留下无数脍炙人口的名篇佳作；而千百年在这里居住的孙氏后裔创造了许多优美的民间传说。特别是族中一些受后代钦仰的古圣先贤，先辈的丰功伟绩和高尚品德，成为了解古镇厅堂文化不可或缺的物语，同时也承载了龙门古镇人民对绚丽多姿、自然风光的赞美和无限乡情的寄托。

一、神话一样的传说

（1）妙岩寺。

龙门禅寺原名妙岩寺，又称龙门寺，坐落在古镇南面龙门山脚。据（清光绪年间）富阳县志记载：晋天福二年（后晋天福二年，即 943 年）西月禅师建，并建寂光庵于山上（龙门山杏梅坞），香火尤甚。清道光初僧秀文募资重建增广殿宇。同治初僧长生募捐修葺。"广殿宇"即指龙王殿，内有广济龙王像。

西月禅师又叫大梅禅师，俗名贯休，本姓姜，婺州兰溪人。五代前蜀国名士，早年入蜀国，蜀主王建赐名禅月，又称禅月大师。925 年，前蜀国被后唐李存勖（xù）所灭，贯休云游回浙，因曾游历西川故常自称西月。西月回浙后，访遍浙江各地名山，后由诗友罗隐引荐，来到龙门山脚下生根落脚。西月禅师请设计师规划了佛光宝地，画了寺院蓝图，树雄心要建造天王宝殿、大雄宝殿、观音殿、地藏殿、龙王殿五大主体建筑及诵经房、食宿等生活设施。西月禅师能诗擅画，德高望重，远近闻名，借助龙门山威名，建寺之事得到各地绅士、富豪施主的赞同与赞助，不久筹足了资金建寺，天福元年三月十五日开工建寺。天福二年十月初，五个大殿基本竣工，选定十月十五日举行妙岩寺落成典礼，还特意邀请昆仑山白眉长老前来，为五殿菩萨主持开光仪式。

眼看吉时良辰将到，突然天放异光，白眉长老率徒数人出现在云端里，西月禅师率领众信徒跪迎。白眉长老送西月禅师兴寺神灯二盏，令挂于山门"妙岩寺"牌匾下方，并嘱寺里有大事才能挂起，事毕取下好好保藏；灯在寺兴，灯破寺败。神灯挂起，立生奇效：东面山顶老鹰石竟然叽叽喳喳地欢叫起来，西面龙头怪石竟然喷出泉水，龙门山中凉亭下一对钟鼓石同时发出了洪亮的敲击声。白眉长老又送"吃尘珠"用来镇寺，从此殿宇白蚁不生，微尘不沾，栋梁屋柱千年不落。吉时已到，西月禅师率众披袈列队，恭请白眉长老主持开光仪式，连办三天法事，祝告上苍，保佑人间风调雨顺，五谷丰登，万代昌顺。诸事已完，西月禅师谢过白眉长老，目送白眉长老，带着众徒儿驾着祥云，回昆仑山而去② （图 6-1）。

（2）广济龙王神像的来历。

妙岩寺大雄宝殿中间是如来佛神像，旁边是狮像，文殊普贤，左边广济龙王神像，右边地藏王佛像；天王殿内中间是韦陀佛像，面朝南面，弥勒佛像面朝北面，两边是四大金刚；大雄宝殿两边是诵经房、膳堂、住房。单建观音殿，香火甚旺。

龙门古镇流传着广济龙王的传说：明朝开国皇帝朱元璋兵败逃往龙门，后边元兵追赶到妙岩寺前，眼看朱元璋已无路可逃，突然天昏在暗，飞沙走石，龙门山小白龙尾巴一扫，把龙门大团山的山顶扫了过来，落在了朱元璋与元军之间，等到风停天晴，元军绕过小山追赶朱元璋，朱元璋早就越过妙岩寺，逃往龙门山去了。现妙岩寺庙门前确有一座小山。

再说朱元璋一路奔跑，逃到白布泉瀑布下面，前面一道悬崖拦住去路，后有追兵。正在这时，悬崖边从空中落下天桥，朱元璋一跃上了桥，桥边走边缩，等到元兵追到时，朱元璋已早到对面，神龙相救，从而脱险。朱元璋当了皇帝后，想起当时神龙相救的情景，吩咐手下到龙门山钵盂潭（上龙潭）祭奠，感谢救他的小白龙。特封小白龙为广济龙王，以祈风调雨顺，国泰民安。从此妙岩寺大殿上增塑了广济龙王神像，每当受到旱灾，周边百姓敲锣打鼓，成群结队到龙门山接龙，还相当灵验，广济龙王深受百姓朝拜[③]。

（3）太婆桥的由来。

龙门古镇中间这条漂亮秀丽的龙门溪，水的源头由龙门山龙潭而来，一旦暴雨季节，山上滑坡，洪水滚滚而下。溪上古时候架设的桥梁都是木桥，水下来，木桥坍毁，给村民行走带来诸多的不便。明朝崇祯朝起木桥改为石板桥。太婆桥建于清代嘉庆年间，是上官到常安的必经之路。该桥民间相传是敞厅女太（又叫永安太婆）出资建造的。她对长辈十分孝道，在龙门可称是一位贤德的媳妇。嘉庆年间一场大雨，暴雨成灾，将木桥冲坍，严重影响了村民的通行。永安太婆见状，心中很是着急，与女儿商量建桥之事，这种想法得到女儿的支持，并得到房长、长辈的大力支持。

在铺桥板合拢的那一天，正巧从常安方向抬来一顶花轿，轿夫看到在铺石板，放下了花轿，止步询问，其中一位轿夫说："花轿是到上官去的，要想过桥，是否通行？"在铺石板的一位工匠说："本来还不好走，要绕过桥方能行走，你们今天是好日子。我们要问永安太婆，她同意就可以过去了。"说完话，这位工匠派人到永安太婆那里报信，永安太婆说："这是一件吉利事，千载难逢，允许他们过桥，但要轿子里的姑娘说上几句吉利话。"花轿姑娘想了片刻，轻轻地说："新新娘子新新桥，千年太婆万年桥。"实际上轿夫已经将轿子抬起，新娘子边说轿夫边走，就这样过了桥。此后，经永安太婆同意，这座桥取名为"太婆桥"，一直流传至今。

（4）"钟鼓天成"的由来。

到过龙门山的人都知道，一进龙门山就能看到四周树木郁郁葱葱，群山叠翠，山道逶迤，山谷断崖峭壁，奇形怪石层出不穷。据《富春龙门孙氏宗谱》记载：龙门山的历史人文景观十分丰富，在那里蕴藏着云海奇观、杏峰插云、寒谷生春、万春松涛、龙山积雪、悬崖飞瀑、钟鼓天成、锯石奇观、参军泣宋、汇皇决策等十大景点。"钟鼓天成"是龙门十景中的一景（图6-2）。

走过卵石铺成的山间拱桥，仰首向左右上方可见钟鼓石左右遥遥相对。右边万绿丛中巨石耸立，上小下大，像寺庙中的一口大钟。左面山腰巨石凸出，上面压着两块扁形的石块，仔细遥望，巨石上的小石块形似击鼓用的两根鼓棒被遗忘在鼓上，像似一只大鼓，形成"钟鼓天成"景观。古人有诗赞曰：钟石宛如钟，鼓石竟如鼓。对峙两山巅，虚空夏雷雨。物理不可测，无乃娲皇补。

关于"钟鼓天成"有两种传说。

一种传说："钟鼓天成"似龙的两只眼睛，远远看去两眼炯炯有神，每当山洪暴发，虎啸龙吟，钟鼓石齐鸣，整个龙门村落都能听到钟鼓声。

另一种传说：明朝朱元璋当了皇帝后，封龙门山的龙为广济龙王。明朝时期，妙岩寺方丈新建了龙王殿。在龙王塑像开光那天，妙岩寺十分热闹，鼓乐吹打，几百和尚口念佛经，当方丈掀开龙王菩萨身上的红布，用镜子对着龙王塑像眼睛照了几下时，只见天上乌云密布，一声巨吼，下起了倾盆大雨。此时龙门山钟鼓石

图 6-1　龙门寺

图 6-2　龙门山钟石
(杨之爱摄)

齐鸣，雨停了，山上的钟鼓声也停了，参加开光的人都感到十分惊奇，方圆几十里百姓都称龙门山的龙是神龙。此后几百年妙岩寺香火盛旺，后来相传，一旦妙岩寺做起佛事，寺内撞钟、击鼓，龙门山的钟鼓石也在发出击鼓、撞钟的声音，这就是"钟鼓天成"的由来④。

（5）"必止门"的由来。

老百姓上山，分为"必止门"上与"必止门"下。"必止门"就在下龙潭上方。所谓"必止门"实质上是一方巨石，与一座印石砌成的拱桥。这块巨石直竖在下龙潭上方溪中，这方巨石又称它为"屏风石"，此处称为"必止门"。

后晋天福二年，即943年，大梅禅师在龙门山杏梅坞建造"寂光普照"寺已有1000多年历史。"必止门"是山门，有和尚把守，村民轻易不准人进山，更不允许女人进山。如女人进山要触犯龙王、佛神，会给人间带来灾难。到此处必须止步。这就是"必止门"的由来（图6-3）。

古代，"必止门"没有拱桥，每当山洪暴发，人无法进山。清朝末年至民国初期，龙门一位姓骆的村民到龙门山中凉亭下的山上砍柴，当他挑着柴准备回家时，突然天下起了倾盆大雨，山洪暴发，山坑水似"蛟龙出海"般地往下游奔腾。他挑着柴想强行过溪坑，结果被洪水吞没。此事发生后，骆家就在此处募捐建造了拱桥，至今已有200多年历史。

二、孙氏俊杰轶事

（1）孙钟种瓜。

孙钟，字振阳，出生在世代官宦之家，是著名军事家孙武（孙子）的后代。东汉末年，战乱连年，民不聊生，他宁不出仕，隐居种瓜为业。富春江畔留有多处孙钟种瓜之地，一是阳平山，二是瓜桥埠，三是龙门。而江苏盐城和丹阳也有孙钟种瓜之说。《富春龙门孙氏宗谱序》有云："丹阳亦有孙氏鹤墓，邑之阳平山、瓜桥埠，皆振阳公种瓜地。田也，桥也，墩也，皆以瓜名，愚公再出，无可力移。而盐城亦有钟公种瓜处，趋而访两县耆旧，传述轶事，语出雷同，谓为有所谋而合也。而残碑蜗折，蔓草萤栖，其犹有遗迹存焉。"

孙钟先隐居种瓜于阳平山，因气候不适等原因，收成较欠，后迁居龙门，到龙门后，先在龙门山脚下搭起了茅草舍，开始整地种瓜，此地称"早阳山"，后来人们把此舍叫"孙家舍"，此山叫"孙家山"（今在瑶坞村西面）。后来，又到龙门溪下游整了一摊地种瓜，据传说，因时年不佳，只生了一个瓜，后人因而称此摊为"瓜一摊"（今在龙门古镇南面太婆桥西面）。然后，孙钟又到龙门水口山对面摊地劈荒整地种了数十亩瓜，后人改田成畈，为纪念祖先，此畈又叫"种瓜畈"，该畈田又称"瓜田"。清光绪《富阳县志》和《富春龙门孙氏宗谱》皆有记载："阳平山在县西南四十五里，孙钟种瓜于此，至今山下有瓜田，方圆数十亩存焉。"也有"阳平山在县南十五里，后汉孙钟种瓜其上……"的记载。

北宋时，吴大帝后裔发迹龙门，名门望族，世代官宦，后裔为纪念孙钟种瓜，在水口山（即今之石塔山）建造亭子一座，称"瓜亭"。后来又建了孙公祠（即祀孙钟的香火祠），根据《富阳县志》记载："孙公祠在庆善村水口山，祀汉孝子孙钟公祠"。接着，又建了荫功天子庙（即祭吴大帝孙权的家庙），庙中有吴大帝孙权及其子孙休像，孙休为孙权六子，龙门孙氏即孙休一脉后裔。

清康熙十六年，龙门族人孙孟骞和孙念阳在瓜亭之上兴建同兴塔，后人把瓜亭和塔联系在一起，成为龙门一大景色，叫"瓜亭塔影"，在《富春龙门孙氏宗谱》中有"瓜亭塔影"古诗十多篇。

《瓜亭塔影》

亭以种瓜名，亭边塔影横，浮图天际插，斜暑石头生。

铃铎声声乱，烟霞簇簇明，一层穷最上，俯览众山平。

如今，龙门古镇传说中的"孙家山""瓜一摊""种瓜畈""瓜田"等地名和遗迹尚在。摊也，畈也，田也，亭也，皆以瓜名，愚公再出，无可力移。龙门古镇祖祖辈辈与先祖孙钟种瓜留下的地名，永远在村民当中流传[5]。

（2）孙钟遇仙葬母。

据传，孙钟（134—189年），字振阳，隐居富阳一带，种瓜奉母，乐善好施，远近闻名。

有一年，他在王洲瓜桥埠种瓜十八亩，遭遇天灾，十八亩瓜田只结下一个瓜，后人称"十八亩摊瓜地"。瓜熟后，孙钟准备摘瓜回家孝敬母亲。刚到瓜地，看见三位老者朝瓜地走来，突然晕倒瓜地，孙钟急急忙忙向三老者跑去问他们："您三老怎么啦？生病了？"三老者答道："我们口渴，四肢无力晕倒的，你能摘个瓜给我们解解渴吗？"这可难为了孙钟，本来想十八亩瓜田只生一个瓜，要将此瓜孝敬母亲，可现在三老者由于饥渴，晕倒瓜地，想想还是救人要紧。孙钟急忙将瓜摘下，用刀把瓜分成两半，一半交三老者手上，另一半放在瓜棚，准备拿回家中孝敬母亲。再说三老者吃了孙钟的半个瓜后，体力得到恢复，答谢说："我们知道你是一个十分难得的孝子。"并且问孙钟："你家中还有何人？"孙钟答道："家里除老母亲外还有妻儿。""以后你想百世诸侯，还是四世称帝？"孙钟想想百世诸侯不如四世称帝，答道："四世天子乐乎"。三老者对孙钟又说："你母亲百年时只要点起三支清香，对天跪拜，我们三老会帮你选好墓地，安葬好你母亲"，三老说完化白鹤而去，孙钟才知遇到仙人指点。

光阴如箭，一年过去。一天，孙母疾病突发，离开了人世。孙钟为母亲的离去而十分悲伤，但人去不能复生，只好准备母亲后事。孙钟正为寻找母亲墓地发愁时，想起了一年前瓜地遇仙，"四世称帝"，三老帮找墓地之事。孙钟点起三支清香，跪地叩拜道："慈母已故，我为安葬一事犯愁，请三老指点帮忙。"跪拜完毕，三老果然已到孙钟面前，与孙钟一起商量墓地、安葬之事。三老对孙钟说："你是一位孝子，喜欢四世称帝，我们早已为你母看好墓地，此处在乌石山，山高、路不好走，出殡这天，我们将助你一臂之力，到了出殡这一天，孙钟安排好出殡的一切准备，手捧母亲灵牌，出殡队伍在后，亲朋好友穿戴白色孝衣孝帽，棺木抬到村口，摆放好桌子，进行一番祭奠，让慈母上路。祭奠过后，三位老者在孝子孙钟的前面带路，往乌石山方向走去。当出殡队伍到乌石山脚时，突然间乌云密布，天昏地暗，狂风大作，飞沙走石，霎时下起了倾盆大雨，弄得出殡队伍人人睁不开眼。刹那间，天空放晴，奇怪的是棺材不见了，三老者已不见去向。

这时，只有孙钟心里明白，这是仙人帮他安葬了母亲，孙钟跪地叩谢。

后人记载：孙钟种瓜养母，以孝闻，后得异人指点，乌石山之地葬其母。路险峰高，时有神助，异人化白鹤而升，得名白鹤峰（高 916 米）。孙钟生坚，坚生权，权据江东，国号吴。传亮、休、晧、凡四世，孙钟葬母之地俗呼天子岗（高 614米）。孙权称帝后，追尊其祖父钟为孝懿王⑥。

（3）孙坤与"郑和宝船"。

孙坤，又名福远，字景祐，号素庵，吴大帝孙权第四十一世孙，生于明洪武六年（1373 年）癸丑七月甲寅日，卒于明宣宗宣德二年（1427 年），享年五十五岁。

孙坤为明永乐乙酉科举人，任工部都水清吏司主事。郑和下西洋航海巨舰由孙坤负责督造，孙坤参考三国时期，吴大帝孙权派大将卫温东渡台湾所乘的"赤乌神舟"船模图样，建造舰船，在长江太仓口督造郑和下西洋航海巨舰 80 余艘。

据明史记载"赤乌神州宝船"长四十四丈四尺，阔十八丈，首尾共设九桅，帆十二张，桅楼明式建筑风格，体势巍然，篷帆锚舵，非二三百人莫能举动。据现代学者推算：宝船长 138 米，宽 56 米，是当时世界上最大的木制海船（图 6-4）。郑和从明朝永乐三年至明宣德八年（1405—1433 年）历经 29 年，先后七下西洋，到达亚洲、非洲、阿拉伯等 30 多个国家和地区，在世界航海史上创下伟大壮举。孙坤确系幕后英雄，实在功不可没。

孙坤造船恪尽职守，调度有方，一个月内，如期完成，且不劳死一人，孙坤为督造巨舰立下汗马功劳，后升工部郎中。经朝廷批准，在龙门故居建砖砌牌坊一座，牌坊正面砖刻"工部""冬官弟"；背面砖刻"龙峰叠秀"四字，供后人瞻仰、纪念⑦。

（4）孙孟骞造塔。

在龙门古镇的西北面有座石塔山，老百姓又把它叫做水口山。清朝康熙十六年（1678 年），孙权后裔孙孟骞晚年建同兴塔于山上。该塔六面七级，是龙门古村的风水塔。说起这塔，当年孙孟骞在用工方面还很有讲究。

话说孙孟骞董风水，选好塔址后择日动工。眼看着日子一天天临近，可还没找

图 6-3 龙门山必止门
（杨之爱摄）

图 6-4 郑和宝船——赤乌神舟模型

到合适的工匠，虽然有七八批工匠找上门来，可都不合他的心意，被他一一回复了。为造塔一事弄得他焦头烂额、寝食不安。

到了二月初二百花生日这天，孙孟骞一人在家喝酒，突然有二位陌生客人来访，他招呼客人坐下一起吃饭，并聊了起来。原来他们是东阳人，一人姓方，另一人姓张，俩人是为造塔一事而来。孟骞问张姓人："你最擅长什么活？"他答道："我只会浆浆泥（浆泥：龙门方言，即捣泥浆）、石灰什么的，是方师傅的下手。"孟骞又问到："一天能浆多少泥呢？""一天我最多只能浆一脚勾（脚勾：龙门方言，即畚箕）泥。不过造塔比造其他建筑的要求更高，石灰泥浆里还得加入鸡蛋清或者糯米饭之类的，一天下来还可能浆不好一脚勾。"孟骞又问旁边的方姓人相同的问题，只听方师傅答道："我是打墙头的，一天只有几块砖好砌，我俩干活很慢，所以村里人一般不会请我们的。"但是我们在想，如果要造塔的话，砖都必须磨过，磨得地角匝方（地角匝方：龙门方言，即平整、方正、棱角分明），这样才能砌上去，造出来的塔才会牢固，保留下来的时间长。孟骞听后觉得这俩人有真本事，就决定用他们造塔。

到了动工这天，孟骞把儿子都叫到造塔的地方，拜了菩萨，放了鞭炮，祭祀一番后，就开始开基、填基、砌砖。由于两人动作真的很慢，整整用了一年的时间才造好，也正由于当时俩人用料讲究，工艺精湛，经过三百多年的风吹雨打，至今古塔还保存非常完好。

（5）清官孙濡。

明朝嘉靖年间，龙门古镇出了一个清官，名叫孙濡（图6-5）。长葛地区属风沙盐碱之地，孙濡任河南长葛县知县期间，旱灾连年，颗粒无收，百姓难以度日。孙濡身为父母官，心里装着长葛百姓的疾苦。他知道家乡有一种特别耐旱的作物叫荞麦，可以救灾，于是就回到家乡，变卖了自己所有家产，购得荞麦种子运往河南长葛县，发给全县农户并亲授播种技术。播种后，天还继续干旱，荞麦发不出芽，孙濡心急如焚，对天长跪不起，并对天祈祷："宁可绝我子孙，不可灭我子民。"苍天也为之动容，普降甘霖，荞麦获得丰收。孙濡爱民如子的精神，使长葛县百姓感恩不尽，当地尊称荞麦为"孙公麦"，载入长葛县志。孙濡任职期间，长葛县的绅士们都称赞他说："公耿介自持，杜绝贿赂。"胥吏们赞扬说："公治政平，处理顺达，条理分明。"父老乡亲们称颂说："公催缴赋税不惊扰百姓，士民们能安宁地过日子。"所以长葛的百姓们称赞孙公为官廉洁没有私心，施政简要而无苛求，给民恩惠而无虐政。

孙濡公治官有了政绩，万民称颂，他就更谨慎地遵守为官的规诫，小心地从事应尽的职责。有人劝他奉承讨好上官，他说："剥削老百姓去奉承上官，这是万万不可以做的！"耿介的操守丝毫不动摇。孙濡在长葛任职六年，是大家公认的一个好官。有一年正好有个宦官从京城下来，向地方官勒索赂金，公清贫廉洁无法满足他的索需，宦官就威胁他。孙濡不愿屈服，于是就辞官回乡。孙濡辞官归乡时，邑民挽留不得，全县百姓含泪夹道相送，孙濡一路拒收百姓礼品。孙濡为官清廉，爱民如子，回归时两袖清风，长葛绅民赠"政侔卓鲁"匾额，这方匾额如今还悬挂龙门孙氏宗祠。

孙氏宗祠还挂着"青史流芳"匾额，是太湖义士所赠。孙濡辞官回乡时，途经江苏太湖，官船送行时，遭太湖强盗拦劫，上船搜索后并无财物银两，并责问孙濡："你在何地做官？辞退回家了为何不索些银两安度晚年？"孙濡答："我乃河南长葛县知县，长葛是贫困之地，灾害连年，我既称父母官，怎么能不顾子民之死活，如若再索得银两自己安度晚年，我心之何安？"孙濡的一番话感动了太湖义士，并对孙濡说："我们也是被逼无奈，才下湖为寇，劫富济贫，想不到天底下还遇上了你这样为百姓着想的清官，也实在难得。"并要求和孙濡结为朋友。临别时说："你爱民如子，志如泰山，我别无所有，送你太湖假山石一船作个纪念。"还说："今后用得着兄弟帮忙的地方，请写封信，我们尽力而为。"孙濡回到家乡，不忘祖宗，送宗祠假山石两座，后人冠以"青史石""流芳石"，如今还立在宗祠，供人瞻仰。其余假山留在自己菜园摆着，此园即称"假山园"，今已废圮无存。

孙濡回家后，过起耕读生活，也为龙门百姓做了不少好事。龙门当时也不是富

图 6－5　明朝长葛知县孙濡

裕之地，副业靠做毛纸，销路十分困难。为了当地百姓，孙濡想起了太湖义士的话，那里是缺毛纸的地方，便写信给太湖朋友，能否帮得上忙，而后回音说："兄长家乡的困难也就是我们的困难，你尽量运往太湖，只要在船头上放三块毛纸，我们就知道是你的，兄弟们会安排销路的。"从此，龙门的毛纸一运太湖就销个精光，而且还卖得个好价钱。

晚年时，他闭门好学不知疲倦。孝顺地侍奉继母，和睦地和诸弟相处，带头节约开支，教导他们要既勤且俭，抚恤乡邻，以仁爱相对待，为读书人作出了好的榜样。他教育后人要"忠孝节廉"，做人要走正道。如今官房厅余荫堂大门上留有"端履"两字，正是他的墨宝，孙濡公以此教育子孙做人行事要清白端正。富阳县的几任长官都十分看重他，钦佩和仰慕他的品德。谢姓县令称赞他为"彦方太宇"，刘县令称他是再世的"澹台灭明"，这都不是虚假的赞誉。他做官时贤声历历，退归林下也是节操完美。他前可继承列祖列宗的美好品德，后可启发子孙要继承祖上的优良传统⑧。

（6）孙秉元其人其事。

孙秉元，字性甫，号芋香，浙江富阳庆善里（今富阳市龙门）人，生于嘉庆十八年（1813年），道光间拔贡生，候选直隶州州判。为人正直豪放，善诗赋，胸中有抑郁不平，则走笔书其愤。当时其诗作为浙江群彦所重，晚清学者方子维叹服："芋香为我师。"著有《寿花馆遗诗》，入选《杭郡诗三辑》，督学潘衍桐选入《輶轩续录》。好读兵书，文韬武略无一不精，凡《孙子兵法》《戚继光兵法》之类的兵书均反复研读，有暇即按图说练习干戈武艺，不肯埋头束缚于科举八股之中。不屑为时文，为则慷慨激昂，忠义之气溢楮墨间。双手常握二颗铁蛋，能在百步外击人。尤其钟爱弹弓，能在百步外射飞鸟，曾手刻一枚图章："芋香有三癖，一癖在弹弓。"

孙秉元有很高的书法造诣，年轻时就爱金石古字，曾收藏晋唐名家碑帖数百种，心摹手追，每日孜孜不倦。夏夜双足置空酒坛中，虽蚊虫叮扰而不辍。喜用鸡毛笔，书法宗颜鲁公家庙碑，藏锋蓄势，纵横波折，形如万岁枯藤，姿态遒劲横逸。与同学胡震(字听香,号胡鼻山人,晚清著名书法家,篆刻家)的书法不相上下,胡鼻山与孙秉元论书法:"大字魄力,我不及君;小字神韵,君当逊我"。早年曾在乡里举办书法培训班,讲授执笔、运笔诸法,指导学生临习各种碑帖,每五天评讲一次,并用红笔为学生批改作业,务使每个字都合规矩准绳。晚清名士叶舟(富阳环山人),后来回忆说:"我之所以粗解书法,与芋香先生的启蒙是分不开的。"永康应宝时与孙秉元、胡鼻山均为挚友,他任上海道时,官署里悬孙秉元、胡鼻山楹帖,上海当时最著名的书法家何绍基见了,十分佩服,谓:"笔法遒劲,胜我多矣!"于是沪上求购两人书法者甚众,有人甚至登广告,高价求购两人书画,凡有幸得一字片纸者,均视作珍宝,就连在上海的外国人也闻讯,不惜花重金抢购。后来孙秉元的书法传到了京城,朝中宰辅陆润庠也赞叹:"字至此,神乎技矣!"同时孙秉元还善画,画得倪云林大意,笔致古朴,意境清远萧疏,惜少传于世。

咸丰时因督办团练有功,被保举为知县,诰赠武德郎,晋赠奉政大夫。同治元年七月在保卫乡土战斗中阵亡,诰赠四品云骑尉世职,袭次完时,给予恩骑尉世袭罔替,崇祀忠义祠、乡贤祠,绩载《两浙忠义录》。

其子孙寿彭也精于书法,十一岁就能为人写楹联大字,小字尤端劲秀丽,笔致敏捷,片刻就可抄写一千多字的文章,时人评曰:"字字珠玑,其字与翰林院所刻玉堂楷无异。"同治元年与其父一起在战斗中阵亡,年仅二十七岁⑨。

(7)"彝鼎留芳"匾额。

"彝鼎留芳"匾额是南宋时期理宗皇帝派翰林学士贞德秀送给孙权第三十四世、龙门孙氏第九世宋理宗朝大理寺评事孙祁的。孙祁字翊光,排行十八,又称"十八评事"。

当时朝里有一位奸丞相叫史弥远,想谋王篡位,孙祁在审理济王赵竑被告谋反一案时觉察到史弥远勾结杨皇后图谋篡位的事实。当时,奸丞相权势大,但孙祁不畏权贵,刚正不阿,用"杨柳春风丞相府,梧桐夜雨济王家"来影射擅权的丞相史弥远,因而遭到排挤,奉旨退隐龙门溪水之西,过起穷耕苦读的生活。丞相史弥远死后，理宗皇帝派贞德秀来龙门访问他，希望他复出，为国出力，而孙祁已病死三年，于是贞德秀奉旨亲笔书写赠"彝鼎留芳"一匾（图4-21）。

宋亡，子孙都隐居山林，坚不仕元，可称"一门忠烈"。

彝鼎留芳："彝"是法度的意思。这里"鼎"是比喻帝业，王位的意思。其意就是说"十八评事"孙祁在执法审理案件时，牢牢掌握法度，不徇私情，不顾个人安危，一切以国家利益为重，忠于当朝皇上，为帝业兴旺，不畏权贵，不贪富贵，这种精神永远流芳百世[10]。

第三节　乡情民俗文化

龙门古镇是吴帝孙权后裔的最大聚居地，繁衍至今已六十八世，世所罕见。文化积淀深厚，留存着浓郁的宗族氛围。祭祖、庙会、同年会、元宵节、二尺谱等，各具特色。龙门每年正月十三至正月十八是元宵节，同时又是灯节，灯节里要舞四种灯，即龙灯、竹马、狮子、魁星等活动，也都是龙门民俗文化的重要组成部分。作为龙门孙氏家族的成员，村民有一种自然的认同与归属感，这在一定程度上形成了道德与规范的无形约束，起到加强宗族团结的凝聚作用。

一、祭　祖

祭祖是龙门孙氏全族合力筹办的大典，每年分春秋两次。春祭在农历二月初二，秋祭在农历十月十九，祭祖大典在孙氏宗祠举行，祠堂平时难得开放，到了祭祖日，就郑重其事地大开祠堂门。祭祖之日，全族停工，族人穿戴整齐，如度节日（图6-6）。

整个拜祭过程分为起乐、献供、跪读祭文、祝福、轮拜祖宗等环节。各房代表在族长的带领下，侍立在阴堂之外，先由两司仪击鼓、撞磬三下，紧接着祭者叩头、上香，其间乐队也热热闹闹地演奏起梅花锣鼓。各房献上的祭品在乐声中，依次摆上供桌，司仪高喊："献旱鹰（全鸡），献鲜鳞（全鱼），献蛟须（银鱼须），献蹄膀（猪蹄子），献玉粒（米饭），献春茗（茶），献琼浆（酒）……"乐止，祭品供献毕，然后由一代表跪读祭文："上自鼻祖，下迄儿孙，瓜邸发迹，灵爽堪凭，精神不隔，菽水虔心……呜呼，伏惟尚飨。"读完焚烧于供桌前。而后鞭炮齐鸣，戏班子在祖先灵位前演三曲小戏，第一场"拜八仙"，赐福避邪；第二场"舞白脸"，加官晋爵；第三场"跳财神"，送财进宝。最后，族人排队轮流到祖宗灵位前焚香叩拜。此后祠堂内的大戏台上就将上演大戏，直至天晓（图6-6和图6-7）。

二、庙　会

每年的农历九月初一是古镇传统的庙会，此时，适逢农闲，秋高气爽，正是操办盛事的好日子。庙会从八月三十至九月初三，延续四天。旧时，村中多处祠堂、庙宇日夜演戏，庙会期间，舞龙灯、跳竹马、跳魁星、舞狮子、跳大头和尚，等等，民间文化活动丰富多彩，方圆百里商家云集，老街上人山人海，龙门庙会热闹非凡，为富阳地区所仅有。人们拜菩萨、拜祖宗，大办宴席，大做善事；族人邀请亲朋好友，倾其所有，热情招待；方圆百里，甚至上海、杭州等地商贩纷纷前来赶会。古镇街道人山人海，水泄不通。春江两岸，以此为最。时至今日，虽形式略有不同，但盛况犹胜当年。

庙会以同年会为核心，同年会分为三十岁、五十岁、六十岁、七十岁等不同年龄档次的会别，这也是龙门庙会异于外地的习俗。每年庙会，三十岁同年男丁必挑大梁。庙会活动中难度最大的事都由三十岁同年会来干，如请最好的戏班子，修险路等，活动经费大家临时捐募，富者多出，贫者少捐，特殊困难还可得到扶持。土地改革，以会田为基础的各种会社自行消失，唯有同年会越来越火红，入会人员扩大到女性，改成为三十岁做同年戏，五十岁以上同年会捐资修桥铺路做善事等。

九月初一庙会的来历。相传北宋年间开始就有的。吴大帝孙权第二十六世孙劻公有两个儿子，一个叫孙忠，一个叫孙恕。980年孙忠从东梓关迁居龙门，时年四十六岁。孙忠的二儿子孙洽到了晚年想办两件事：第一件事造一间纪念先祖孙钟的香火祠；还有一件想造一座家庙。两件事先造香火祠，后造家庙，香火祠造在村的南面，家庙造在村西北面水口山上。香火祠造好后取名"孙处士祠"，是专门祭拜孙权的爷爷孙钟的场所。孙洽公谢世后，其子孙为了完成先祖的遗愿在龙门西北面水口山上动工建造了一座家庙，名为"荫功天子庙"，择日开庙。因祖父孙洽公出生在九月，而吴大帝仲谋公立国建都于建业也在九月，择日"九月初一"开庙。

三、民 间 文 艺

（1）龙灯。

龙门的龙灯有桥龙、兜水龙、柴箍龙等。最具特色的是桥龙，底部有木板串成，木板上面做龙身，每节长约 1.5 米，总长为 50～100 节，整条龙身用竹编和各种颜色的彩纸和绸布做成。龙头龙尾制得特别精致，里面装有蜡烛灯具，夜间观看光彩迷人。舞龙灯有规定的时间，正月十三开始，先到祠堂、庙宇、烈士墓舞，正月十五则在周边村庄和古街商店串走，正月十六至十八在村内各座厅堂举行（图 6-8）。

龙门"龙灯"的由来也是有故事的。民间传说，古代有一个皇帝勤于为民办事，因此国泰民安，被天下百姓所爱戴。有一次朝中打了胜仗，皇帝为犒赏文武百官及将士，想大办宴席。皇帝在大臣面前说："皇宫里面有很多龙，我坐的是龙椅，睡的是龙床，穿的是龙袍，龙是怎样的？"皇帝想见一见真龙。各位大臣正发愁时，东海边走来一个白面书生。书生对大臣们说："不要着急，我是东海的小青龙，到时就看我的了。"小青龙回到东海找了伙伴们帮忙，但不能给父王知道，伙伴一一答应。到了那天，小青龙与几个伙伴偷偷来到皇宫，个个都穿起了亮丽的衣服，小青龙穿的是青衣，现出了身形在皇宫的墙上舞动起来，皇帝及臣民哪里见到如此壮观的场面，齐声欢呼："真龙显形了，真龙显形了。"皇帝终于见到了真龙。舞动一会儿后，小青龙及伙伴停了下来，小青龙仍旧化作那个书生，对皇帝说："我们知道您是一个好皇帝，为天下百姓做了好多好事，今天我们是特为满足您

图6-7　龙门祭祖——萧山道三公后裔祭祖文
（骆晓飞摄）

图6-6　龙门祭祖
（骆晓飞摄）

图6-8　龙门神龙龙灯
（杨之爱摄）

的愿望，如果以后想见，就按我们的样子扎起龙来，放起鞭炮，每年节庆都出来舞，在东海龙宫就可以看见。"

以前龙门龙灯是"板龙"，每一节龙身约长 1.8 米，下面是一块木板，上面都是一些三国故事，板龙的设计是按照龙门厅堂所考虑，叫做行龙灯，不叫舞龙灯，每逢节庆都出来行龙灯，为节日增添喜庆色彩。后来，龙门龙灯改成"兜水龙"，可以起舞盘旋，因为它是照东海小青龙的样子扎的，而小青龙又名白布泉，又居住在龙门山瀑布下钵盂潭中，所以龙门龙灯就称"瀑布神龙"，是纪念广济龙王的意思。近几年，龙灯又改为"柴箍龙"。龙头到龙尾共有十三桥，总长 27 米，用毛竹为材料，外面用布画好龙鳞，包在外面，装好龙爪，就形成一条龙。元宵节晚上整条龙灯都亮起了灯，远远看去，亮的龙灯盘旋起舞，十分壮观，在各个厅堂行龙灯，又像活龙盘旋，变化无穷，象征着新的一年风调雨顺，五谷丰登，生活幸福，国泰民安。

与龙灯类似的还有活动"舞狮"。舞狮的狮子用竹、狮身用绸缎布料制成，狮有大小之分。大狮由两人联袂跳，小狮一人一只，一人持绣球引路。跳狮子者多为年轻人，它技术要求高，十分耗费体力，变化多端地表现了狮子的情态，更增添了古镇闹元宵的活泼气氛。

（2）竹马。

竹马也是龙门传统的表演形式。马分头尾两部分。用竹制成，外面糊上彩纸。跳竹马时将马头马尾放置在人的前后，人在中间如骑在马上一般。龙门的竹马和别地不同之处在于，它由传统的战马沿袭而来，跳时呈作战阵势，一般有八匹马组成一支队伍，令旗带路，逐对的上阵和下阵。正月十五夜里表演时增加两匹大红马，称"扫马"，跳演节目都为三国故事。

"竹马"也称为"战马"。龙门战马威武雄壮，动作特异，气势宏伟。有四种阵式：元宝阵、三角阵、四角阵、扫马等，是一副逼真的古代战争场面。

晋朝时长平县有一人叫华温，字元子，他的朋友殷浩，字深源，两人都是官宦的后代。他们从小跟亲兄弟一样，一起嬉戏玩耍。他俩经常玩的游戏就是把竹竿当成马骑在胯下，你追我赶，好开心哦！后来通过能工巧匠改良，用竹劈成篾，编织成马屁股、马头的形状，外面糊上纸，使之更加形象逼真，那才是真正的竹马。元宵节，按当地风俗都要闹花灯庆丰收，非常热闹！在竹马里点上蜡烛，把外形做得更加精致，活生生就是一匹马啦，非常漂亮，这也就是马灯了，马灯也就一直沿袭到现在。

龙门的战马与众不同，那也是有传统原因的。我国从唐朝至清朝都是以科举选拔人才，考武举人那是很不容易的事。首先要练好步功，也就是步兵；其次要求有马上功夫，也就是骑兵之功。要练好马上功夫，首先要请教练，骑马射箭，必须九发九中，才能过了武举人的第一关。第二关就是百步穿杨。所以说有了教练，要有马匹，要有训练的宽大的场地，还要有善于跑马射箭的宽路。龙门在明朝时就有马路了，就在现在的万安桥头，长有数百丈，在安园里有数十亩宽的跑马场。当然龙门孙氏出过好几位武魁，义门后裔孙显清就是其中一位，"武魁"匾额就悬挂在孙氏宗祠内（图6-9～图6-11）。

历来请来的操马教练在教考武举人的年轻人时，龙门另外的青年人都看在眼里，记在心里，并把所见的技巧运用于舞竹马之中，千百年下来，就成了具有龙门特色的战马[11]。

（3）魁星。

魁星即文曲星，又称文魁，是一个用竹和绸缎精制的神像。他手持毛笔作点状状元状，祝愿读书人奋发努力，得中状元。跳魁星者要跑遍每座厅堂、店铺、民居，给人送去祝福。因其变化甚多，无比活跃，需要有丰富经验的人去跳，其表演往往令围观者开怀大笑（图6-12）。

魁星，又叫奎星，是传说中主宰文章兴衰的神。古代人们崇祀魁星，祈求子孙在科举考试中成功，出人头地。自古以来魁星有两种，一种叫文魁，另一种叫武魁。文魁主管文官考试，武魁主管武官考试。据说凡科举考试高中上榜的人都由文魁点出。

龙门古镇魁星是文魁，称文曲星下凡，方圆几十里名气很大。传说文魁是皇帝

图 6 - 9 义门广场表演竹马
（杨之爱摄）

图 6 - 10 砚池边竹马
（孙文喜摄）

图 6-11　厅堂表演竹马
（杨之爱摄）

图 6-12　魁星
（杨之爱摄）

的妹妹即一国之公主，长相奇丑，满脸斑点、塌鼻子、阔嘴巴、青面獠牙、又是个跛脚。这位公主虽然长相十分难看，但她的文才很高，可还是成了一个嫁不出去的姑娘，这下急坏了皇帝哥哥。一天晚上，皇帝梦见了天庭玉帝老爷，玉皇大帝告诉他："你这位公主是天庭文曲星下凡，是难得的人才。"第二天，皇帝问他妹妹："脸上满脸斑点代表什么？"她答道："麻面满天星。""跛脚的作用是什么？"她又巧妙地答道："独脚跳龙门。"皇帝哥哥听了十分高兴，当着文武百官的面口谕："今后每三年一次的科举考试都由他妹妹掌管。"此后，她点出的人才个个效忠皇上、为国出力，为国家兴旺、百姓安康费尽了心机，公主因此深受文武百官的爱戴。后来这位相貌奇丑的公主嫁给了一位状元郎。

龙门古镇早先在同兴塔建有魁星殿，专供读书人朝拜。跳魁星时配有七星灯，代表北斗星，还有"状元及第"牌灯数面。每逢春节、孙氏大型活动都要跳魁星，农户也会出钱请魁星到家中堂前来舞，若谁家的孩子要上学读书，就要接魁星，意味着在这文曲星的照应下，孩子今后能学业有成、功成名就。魁星右手拿状元笔，左手拿砚台，随着阵阵鼓乐摆出点状元的架势，把福祉带给人间，跳魁星是集祈福和娱乐于一体的龙门民间民俗文化节目[12]。

（4）求雨。

龙门山上分别有上龙潭、中龙潭、下龙潭。上龙潭里就住着神通广大的广济龙王；溪流在巨石中迂回流向下游，形成一个深不可测的深潭，龙门百姓称之"下龙潭"。潭边有一方巨石，平卧在下龙潭下方，台边卵石堆砌，苍苔藤蔓中显得古朴，龙门百姓称之为"祭台石"。每当龙门闹旱灾，全村村民会请来高僧举行隆重的接龙求雨仪式。

求雨仪式由族长主持。求雨前三天，全村村民一律吃素，而且禁止捕捉或出售荤腥，还要由德高望重有才识的绅董写一篇牒文，每次接龙牒文内容都必须不同。到了接龙这一天，族长、绅董、高僧和一部分村民带上香烛，抬着龙桶前往上龙潭接龙。到了上龙潭，族长会把斗大的蜡烛和香点在祭坛石上面，与绅董分跪两边，高僧跪在中间念起求雨经，绅董烧起牒文。烧完牒文，只见龙潭的水更加清澈碧绿，水面游起各式小鱼、小虾，此时族长指挥才貌双全的孙氏后裔把第一个游上水面的鱼请进"龙桶"，并吩咐孙氏后裔抬下山去（这个鱼也就是所谓的龙王化身了）。

抬龙桶的人非常有讲究，前面那位是瘌痢头，是落雨的意思（方言），后面那位是破嘴，就是派水到田里啦（方言）。在龙门的王家滩上搭好三丈三尺高，盖有青松毛的求雨台。求雨台上摆好八仙桌，然后把龙桶请上八仙桌，并点上香烛。高僧跪地对着龙桶念起求雨经，一般都要念到下雨为止。等普降甘霖后，由族长组织全村村民舞着龙灯，抬着一担担纸元宝，敲锣打鼓非常隆重地送"广济龙王"回下龙潭。到了下龙潭，族长照样在祭坛石上面点起香烛，放好祭品，并烧纸元宝朝拜以感谢龙王普降甘霖，把龙桶内的鱼送回家。

在龙门附近的一些乡镇，如东图、深澳、图山等地，碰到旱天也到龙门山上去接龙求雨。等下完雨后，村民每次都会用不同的五到六根龙灯送龙，来感谢广济龙王。而且，龙灯一定要经过龙门老街。龙门流传着"有女嫁龙门，五荒六月看龙灯"之说[13]，这就是古代龙门百姓接龙求雨热闹场面的写照。

龙门古镇因其特有的历史文化背景和自然环境，独具江南溪水山乡小镇特色；传统民居建筑群围绕祠堂和厅堂而建这一特色，强烈体现出龙门古镇的传统宗族文化。古镇的山脉、溪流、寺观、祠堂、民居、街巷、古桥、古井、古木、牌坊等视觉要素，可反映明、清及民国初年孙权后裔聚集的古村落和浓郁的宗族文化，集中体现古镇传统风貌和以宗祠建筑群与家族聚落的特色。龙门古镇千百年来居民的社会生活、风俗习惯、生活情趣、文化艺术等方面所反映的人文环境特征，通过古镇溯源、孙氏大宗、老街乡情、义门流芳、砚池夜月、耕读传家、深巷幽居、百步遗踪、山色水声、乡野田园等主题景观表达的恰到好处，提升了龙门古镇的厅堂建筑实际应用和旅游价值，使龙门古镇的内涵得以延伸。

注释
① 费孝通．生育制度．天津人民出版社．1981.
② 龙门古镇孙万祥提供资料。
③ 龙门古镇孙权第五十九世孙孙文喜提供资料。
④ 龙门古镇孙权第五十九世孙孙文喜提供资料。
⑤ 讲述人：龙门古镇孙保宗、孙春校、孙笑龙；记录人：孙文轩。
⑥ 龙门古镇孙万祥提供资料。
⑦ 龙门古镇孙权第五十九世孙孙文喜提供资料。
⑧ 龙门古镇孙文轩提供资料。
⑨ 龙门古镇孙奎郎提供资料。
⑩ 龙门古镇孙权第五十九世孙孙文喜提供资料。
⑪ 龙门古镇孙权第六十世孙孙家占提供资料。
⑫ 龙门古镇孙权第五十九世孙孙文喜提供资料。
⑬ 龙门古镇张满琴提供资料。

第
六
章

参考文献

［1］ 冯楠．龙门古镇古村落研究［D］．西安：西安建筑科技大学，2004.

［2］ 顾晶．解析新江南风格——江南传统民居建筑意象在现代建筑中的传承与发展［D］．江南大学硕士论文，2009.

［3］ 朱晓明．历史环境生机——古村落的世界［M］．北京：中国建筑工业出版社，2002.

［4］ 江乐兴．不可不知的 100 座古镇古城［M］．北京：北京工业出版社，2009.

［5］ 黄利．中国古镇游·江苏、浙江、上海卷［M］．陕西：陕西师范大学出版社，2003.

［6］ 韩欣．中国名镇［M］．北京：东方出版社，2008.

［7］ 王运祥，蒋金乐．龙门古镇——吴大帝孙权后裔最大聚居地［M］．香港：中国文艺出版社，2003.

［8］ 王其亨，梁雪．风水理论研究［J］．从聚落选址看中国人的风水观，1992.

［9］ （清）汪文炳等修．富阳县志［M］．清光绪 32 年（1906）.

［10］ 王沪宁．中国村落家族文化［M］．上海：上海人民出版社，1999.

［11］ 陆元鼎．中国传统民居与文化［M］．北京：中国建筑出版社，1991.

［12］　费孝通．乡土中国［M］．北京：三联书店，1985.

［13］　王其亨．风水理论研究［M］．天津：天津大学出版社，1991.

［14］　唐葆亨．浙江地域的传统和建筑形式．中国建筑学会．

［15］　中国建筑技术发展中心建筑历史研究所．浙江民居．北京：中国建筑工业出版社，1984.

［16］　荆其敏．中国传统民居百问［M］．天津：天津科技出版社，1985.

［17］　彭一刚．传统村镇聚落景观分析［M］．北京：中国建筑工业出版社，1994.

［18］　丁俊清．人类居住文化［M］．上海：同济大学出版社，1997.

王宝东

　　男，高工。1964 年 4 月生于河北省唐山市。毕业于河北工艺美术学校，从事包装装潢设计工作；后考入郑州轻工业学院工艺美术系服装设计专业，任教河北师范大学环境艺术系；现在杭州科技职业技术学院艺术设计学院任教。近年出版书籍有《建筑装饰材料》《室内装饰装修——水电工》《室内装饰工程制图与识图》《中国传统建筑梁、柱装饰艺术》等，主持和参与过多项科研课题。

刘淑婷

　　女，1963 年生于河北省保定市。1989 年 6 月毕业于河北师范大学美术系获学士学位，后就读于江西师范大学美术学硕士研究生学历班。现任杭州科技职业技术学院艺术学院教授，高级室内建筑师，浙江省高职高专专业带头人，浙江省艺术设计教学指导委员会委员。

　　一直从事建筑装饰专业教学和科研工作，发表几十篇专业学术论文，出版专著和教材有《中国传统建筑悬鱼装饰艺术》《中国传统建筑屋顶装饰艺术》《温州泰顺乡土建筑》《泰顺仙居古村落》《中外建筑史》《计算机装饰效果图设计与制作》《建筑装饰施工技术》《室内装饰装修镶贴工》等。

　　并主持国家级精品课程《计算机装饰效果图设计与制作》；主持中央财政支持高等职业学校提升专业服务能力建筑装饰工程技术专业建设项目等多项科研和教学改革课题。